Quando deixamos de entender o mundo

Benjamín Labatut

Quando deixamos de entender o mundo

tradução
Paloma Vidal

todavia

*[…] We rise, we fall. We may rise
by falling. Defeat shapes us.
Our only wisdom is tragic, known
too late, and only to the lost.*

Guy Davenport

Azul da Prússia 9
A singularidade de Schwarzschild 35
O coração do coração 57
Quando deixamos de entender o mundo 83
Epílogo: O jardineiro noturno 161

Agradecimentos 173

Azul da Prússia

Durante um exame realizado nos meses anteriores aos julgamentos de Nuremberg, os médicos notaram que as unhas das mãos e dos pés de Hermann Göring estavam tingidas de um vermelho furioso. Pensaram — erroneamente — que a cor se devia à quantidade de di-hidrocodeína que ele ingeria: seu vício o levava a tomar mais de cem comprimidos do analgésico por dia. Segundo William Burroughs, seu efeito era similar ao da heroína e ao menos duas vezes mais forte que o da codeína, mas com uma descarga elétrica parecida à da cocaína, razão pela qual os médicos americanos se viram obrigados a curar Göring de seu vício antes que ele pudesse comparecer diante do tribunal. Não foi fácil. Quando as forças aliadas o capturaram, o líder nazista arrastava uma mala que, além do esmalte que passava nas unhas quando se fantasiava de Nero, continha mais de vinte mil doses de sua droga favorita, quase tudo o que havia da produção alemã desse remédio no final da Segunda Guerra Mundial. Seu vício não era excepcional: praticamente todas as tropas da Wehrmacht recebiam metanfetaminas em cápsulas como parte de suas refeições. Comercializadas com o nome de Pervitin, os soldados as usavam para se manter acordados durante semanas, completamente perturbados, alternando entre o furor maníaco e a letargia de um pesadelo, esforço que levou muitos a sofrerem ataques incontroláveis de euforia: "Reina um silêncio absoluto. Tudo se torna insignificante e irreal. Eu me sinto completamente leve, como se voasse sobre o meu avião", escreveu um piloto da Luftwaffe anos depois, como se estivesse lembrando o arrebatamento silencioso de uma visão beatífica em vez dos dias de cão da guerra. O escritor alemão Heinrich Böll mandou várias cartas para sua família do front, solicitando que lhe enviassem novas doses do remédio: "É duro aqui", escreveu a seus pais no dia 9 de novembro de 1939, "e espero que entendam que só posso lhes escrever a cada dois ou três dias. Hoje o faço principalmente para lhes pedir mais Pervitin... Amo vocês, Hein". No dia 20 de maio de 1940, escreveu-lhes outra carta, longa e apaixonada, que termina com a mesma solicitação: "Será que podem conseguir um pouco mais de Pervitin para eu ter uma dose de reserva?". Dois meses depois, seus pais receberam apenas uma linha trêmula: "Se for possível, por favor enviem mais Pervitin". Hoje se sabe que as metanfetaminas foram o combustível com o qual a Alemanha sustentou a investida irrefreável da Blitzkrieg e que muitos soldados sofreram surtos psicóticos enquanto sentiam o amargor dos comprimidos derretendo em suas bocas. Os altos líderes do Reich, ao contrário, saborearam algo muito diferente quando sua guerra-relâmpago foi extinta pelas tempestades de fogo dos bombardeios aliados, quando o inverno russo congelou as esteiras de seus tanques e o Führer ordenou destruir tudo o que tivesse valor dentro do território nacional, para não deixar nada além de terra queimada para as tropas invasoras; confrontados com a derrota absoluta, superados pela imagem do horror que invocaram sobre o mundo, escolheram uma saída rápida, morderam cápsulas de cianureto e morreram afogados no doce cheiro de amêndoas que esse veneno exala.

Uma onda suicida arrasou a Alemanha nos meses finais da guerra. Apenas em abril de 1945, três mil e oitocentas pessoas se mataram em Berlim. Os habitantes do povoado de Demmin, situado no norte da capital, a umas três horas de distância dela, tiveram um ataque coletivo de pânico quando as tropas alemãs em retirada dinamitaram as pontes que conectavam a cidade com o resto do país, ficando presos pelos três rios que cercavam a península, indefesos diante da crueldade do Exército Vermelho. Centenas de homens, mulheres e crianças se mataram em apenas três dias. Famílias inteiras entraram nas águas do Tollense com uma corda amarrada em torno da cintura, como se fossem jogar um terrível cabo de guerra, com as crianças carregando rochas em suas mochilas do colégio. O caos chegou a tal ponto que as tropas russas — que até esse momento tinham se dedicado a saquear as casas da cidade, queimar os prédios e violar as mulheres — receberam ordens de conter a epidemia de suicídios; em três ocasiões diferentes tiveram que resgatar uma mulher que tentava se enforcar em um dos galhos do gigantesco carvalho que crescia no seu jardim, entre cujas raízes já tinha enterrado seus três filhos, depois de ter polvilhado seus biscoitos — um último deleite — com veneno para ratos; a mulher sobreviveu, mas os soldados não puderam evitar que uma menina se dessangrasse depois de abrir as veias com a mesma navalha que usara para cortar os pulsos do pai. Esse mesmo desejo de morte se apoderou do primeiro escalão do nazismo: cinquenta e três generais do Exército, catorze da Força Aérea e onze da Marinha se suicidaram, além do ministro da Educação, Bernhard Rust, do ministro da Justiça, Otto Thierack, do marechal de campo, Walter Model, a "raposa do deserto", Erwin Rommel, e, é claro, o mesmíssimo

Führer. Outros, como Hermann Göring, hesitaram e foram capturados com vida, embora só tenham conseguido adiar o inevitável. Quando os médicos o declararam apto para o julgamento, Göring foi julgado pelo Tribunal de Nuremberg e condenado a morrer na forca. Pediu para ser fuzilado: não queria morrer como um criminoso comum. Quando soube que lhe negariam seu último desejo, ele se matou mordendo uma ampola de cianureto que escondera em um vidro de pomada para cabelo, ao lado do qual deixou uma nota em que explicava que escolhera pôr fim à própria vida, "como o grande Aníbal". Os aliados tentaram apagar todo rastro de sua existência. Removeram os fragmentos de vidro de seus lábios e enviaram sua roupa, seus pertences e seu cadáver nu ao crematório municipal do cemitério Ostfriedhof, em Munique, onde um dos fornos foi ligado para incinerar Göring, misturando suas cinzas com o pó de milhares de presos políticos e opositores do regime nazista guilhotinados na prisão de Stadelheim, crianças com deficiências e pacientes psiquiátricos assassinados pelo programa de eutanásia Aktion T4, além de incontáveis vítimas dos campos de concentração. O pouco que restou do seu corpo foi espalhado à meia--noite nas águas do Wenzbach, um pequeno riacho escolhido ao acaso em um mapa, para evitar que seu túmulo se tornasse um lugar de peregrinação para as gerações futuras. Mas todos esses esforços foram em vão: até hoje, colecionadores do mundo inteiro continuam trocando objetos e pertences do último grande líder nazista, comandante em chefe da Luftwaffe e sucessor natural de Hitler. Em junho de 2016, um argentino gastou mais de três mil euros em um par de cuecas de seda do Reichsmarschall. Meses depois, o mesmo homem pagou vinte e seis mil euros pelo cilindro de cobre e zinco que recobrira a ampola de vidro que Göring triturou entre os dentes no dia 15 de outubro de 1946.

A elite do Partido Nacional-Socialista recebeu cápsulas similares àquela no final do último concerto realizado pela Filarmônica de Berlim em 12 de abril de 1945, antes da queda da cidade. Albert Speer, ministro de Armamento e Produção de Guerra e arquiteto oficial do Terceiro Reich, organizou um programa especial que incluiu o *Concerto para violino em ré maior* de Beethoven, seguido da *Quarta sinfonia* de Bruckner — "A romântica"—, e que terminou, de maneira apropriada, com a ária de Brunilda que fecha o terceiro ato do *Götterdämmerung* de Richard Wagner, durante o qual a valquíria se imola em uma enorme pira funerária cujas chamas acabarão consumindo o mundo dos homens, o salão e os guerreiros do Valhala e o panteão completo dos deuses. Quando o público se encaminhou para a saída, com os alaridos de dor de Brunilda ressoando ainda em seus ouvidos, membros do Deutsches Jungvolk das Juventudes Hitleristas — crianças de apenas dez anos, já que os adolescentes morriam nas barricadas — repartiram cápsulas de cianureto em pequenas cestas de vime, como se fossem oferendas de uma liturgia. Algumas dessas cápsulas foram usadas por Göring, Goebbels, Bormann e Himmler para se suicidar, mas muitos dos líderes nazistas optaram por dar um tiro na cabeça ao mesmo tempo que as mordiam, por temer que o veneno falhasse ou tivesse sido deliberadamente sabotado, provocando neles não a morte instantânea e indolor que desejavam, mas a lenta agonia que mereciam. Hitler chegou a estar tão convencido de que suas doses tinham sido adulteradas que decidiu testar sua efetividade dando uma a sua adorada Blondi, um pastor-alemão que o acompanhara até o Führerbunker, onde dormia aos pés de sua cama, desfrutando todo tipo de privilégios. O Führer preferiu matar seu animal de estimação a deixá-lo cair nas mãos das tropas russas, que já tinham rodeado Berlim e estavam se aproximando cada dia mais do refúgio subterrâneo, mas não teve coragem de fazer isso ele mesmo: pediu ao seu médico de cabeceira que quebrasse uma das cápsulas no focinho do animal. A cadela — que tinha acabado de parir quatro filhotes — morreu na hora, quando a diminuta molécula de cianureto, formada por um átomo de nitrogênio, um de carbono e um de potássio, entrou na sua corrente sanguínea e lhe cortou a respiração.

O efeito do cianureto é tão fulminante que só existe um testemunho de seu sabor, deixado no início do século XIX por M. P. Prasad, um ourives indiano de trinta e dois anos que chegou a escrever três linhas depois de engoli-lo: "Doutores, cianureto de potássio. Experimentei. Queima a língua e tem gosto amargo", dizia a nota encontrada junto ao corpo no quarto de hotel que alugou para se matar. A forma líquida do veneno, conhecida na Alemanha como *Blausäure* (ácido azul), é altamente volátil; ferve a vinte e seis graus centígrados e deixa um ligeiro aroma de amêndoas no ar, doce mas levemente amargo, que nem todo mundo consegue distinguir, já que fazê-lo requer um gene específico do qual quarenta por cento da humanidade carece. Produto do acaso evolutivo, é provável que uma parte significativa das pessoas assassinadas com Zyklon B em Auschwitz, Majdanek e Mauthausen nem sequer tenha notado o cheiro de cianureto enchendo as câmaras de gás, enquanto outros morreram sentindo a mesma fragrância saboreada pelos homens que organizaram seu extermínio ao morder as cápsulas suicidas.

Décadas antes, um antecessor do veneno utilizado pelos nazistas nos campos de concentração — o Zyklon A — tinha sido borrifado como pesticida sobre as laranjas do estado da Califórnia e empregado para eliminar piolhos dos trens nos quais dezenas de milhares de imigrantes mexicanos se esconderam ao entrar nos Estados Unidos. A madeira dos vagões ficava tingida de uma bela cor azulada, a mesma que pode ser vista até hoje em alguns tijolos de Auschwitz; ambas remetem à verdadeira origem do cianureto, derivado em 1782 do primeiro pigmento sintético moderno, o azul da Prússia.

Assim que apareceu, ele foi uma sensação na arte europeia. Graças a seu preço baixo, em apenas alguns anos o azul da Prússia substituiu totalmente a cor que os pintores tinham usado desde o Renascimento para enfeitar as túnicas dos anjos e o manto da Virgem — o ultramarino, pigmento azul mais caro e refinado, era obtido moendo lápis-lazúli extraído de cavernas no vale do rio Kokcha, no Afeganistão. Esse mineral, transformado em um pó finíssimo, dava um tom índigo tão profundo que só pôde ser replicado quimicamente no início do século XVIII, quando um fabricante de tintas suíço chamado Johann Jacob Diesbach criou o azul da Prússia. Foi por engano; o que ele realmente queria era reproduzir o carmim obtido ao triturar as fêmeas de milhões de cochonilhas, pequenos insetos que parasitam o cacto nopal, no México, na América Central e na América do Sul, bichos tão frágeis que requerem cuidados ainda maiores do que os bichos-da-seda, já que seus corpos branquinhos e peludos podem ser facilmente danificados pelo vento, pela chuva e pelas geadas, ou devorados por ratos, aves e lagartas. Seu sangue escarlate foi — junto com a prata e o ouro — um dos maiores tesouros que os conquistadores espanhóis roubaram dos povos americanos. Com ele, a Coroa espanhola estabeleceu um monopólio do carmim que durou séculos. Diesbach tentou rompê-lo vertendo *sale tartari* (potássio) sobre uma destilação de restos animais criados por um de seus ajudantes, o jovem alquimista Johann Conrad Dippel, mas a mistura não produziu o rubi furioso da *grana cochinilla*, e sim um azul tão deslumbrante que Diesbach pensou que encontrara o *hsbd-iryt*, a cor original do céu, o lendário azul com o qual os egípcios decoraram a pele de seus deuses. Custodiado pelos sacerdotes do Egito durante séculos, sua fórmula foi roubada por um ladrão grego, mas se perdeu para sempre depois da queda do Império Romano. Diesbach batizou sua nova cor de "azul da Prússia" para estabelecer uma conexão íntima e duradoura entre sua descoberta por acaso e o império que certamente superaria em glória os antigos. Deveria ter sido um homem muito mais capaz — dotado, quem sabe, com o dom da profecia — para conceber sua futura ruína. Faltou a Diesbach não só essa sublime imaginação, mas também as habilidades básicas do comércio e dos negócios, necessárias para desfrutar dos benefícios materiais de sua criação, que caíram nas mãos de seu contador, o ornitólogo, linguista e entomólogo Johann Leonhard Frisch, que transformou seu azul em ouro.

Frisch acumulou uma fortuna graças à venda no atacado do azul da Prússia em lojas de Paris, Londres e São Petersburgo. Usou os lucros para comprar centenas de hectares perto de Spandau, onde semeou a primeira plantação de seda da Prússia. Naturalista apaixonado, Frisch escreveu uma longa carta ao rei Frederico Guilherme I, na qual exaltava as virtudes singulares do pequeno bicho-da-seda; a carta também descrevia um gigantesco projeto de transformação agrícola, que Frisch vislumbrou em um sonho: ele vira amoreiras crescendo nos pátios de todas as igrejas do império, suas folhas cor de esmeralda alimentando os filhotes do *Bombyx mori*. Seu plano foi posto em prática de forma tímida pelo rei Frederico, e mais tarde replicado com violência, mais de cento e cinquenta anos depois, pelo Terceiro Reich. Os nazistas semearam milhões dessas árvores em prédios abandonados e bairros residenciais, colégios, cemitérios, hospitais e clínicas, e de ambos os lados de estradas que atravessavam a nova Alemanha. Distribuíram guias e manuais a pequenos agricultores, detalhando as técnicas sancionadas pelo Estado para a coleta e o processamento dos bichos-da-seda; deviam ser colhidos e depois suspensos durante mais de três horas sobre uma panela de água fervendo, para que o vapor os matasse lentamente, sem que o precioso material com o qual tinham se embrulhado ao construir seus casulos sofresse o menor dano. Esse mesmo método fora incluído por Frisch em um dos apêndices de sua *magnum opus*, treze volumes de uma obra à qual ele se dedicou nos últimos vinte anos de sua vida e na qual catalogou, com uma minúcia que beirava a loucura, trezentas espécies de insetos nativos da Alemanha. O último volume inclui o ciclo vital completo do grilo campestre, desde seu estado de ninfa até o canto de cortejo do macho, um chiado agudo e penetrante como o choro de um bebê. Frisch o descreveu junto com os mecanismos da cópula e do processo de oviposição das fêmeas, cujos ovos têm uma cor surpreendentemente similar ao pigmento que o transformara em um homem rico e que começou a ser usado por artistas de toda a Europa assim que se tornou comercialmente disponível.

A primeira grande obra na qual se utilizou o azul da Prússia foi *O enterro de Cristo*, pintada em 1709 pelo holandês Pieter van der Werff. No céu, as nuvens cobrem o horizonte e o véu que escurece o semblante da Virgem brilha azulado, refletindo a tristeza dos discípulos em volta do cadáver do Messias, cujo corpo nu é tão pálido que ilumina o rosto da mulher que, de joelhos, beija o dorso de sua mão, como se quisesse cauterizar com os lábios as feridas abertas pelo ferro dos pregos.

Ferro, ouro, prata, cobre, estanho, chumbo, fósforo, arsênico; no início do século XVIII, o ser humano só conhecia um punhado de elementos puros. A química ainda não tinha se separado da alquimia, e a variedade de nomes arcanos com os quais se conheciam compostos como o bismuto, o vitríolo, o cinábrio e a amálgama era um caldo de cultura para todo tipo de acidentes inesperados e felizes. O azul da Prússia, por exemplo, não teria existido não fosse o jovem alquimista que trabalhava no ateliê de tintas onde a cor foi criada. Johann Conrad Dippel se apresentava como teólogo pietista, filósofo, artista e médico, embora seus detratores o considerassem um simples aproveitador. Ele nasceu em um pequeno castelo de Frankenstein, perto de Darmstadt, no oeste da Alemanha, e desde criança possuía um estranho carisma, capaz de obnubilar aqueles que permaneciam muito tempo em sua presença. Seu poder de convencimento lhe permitiu seduzir uma das mentes científicas mais importantes de sua época, a do místico sueco Emanuel Swedenborg, que começou como um de seus discípulos mais entusiastas, mas acabou se transformando em seu maior inimigo. Segundo Swedenborg, Dippel tinha o dom de afastar as pessoas da fé para em seguida privá-las de toda inteligência e bondade, "abandonando-as a uma espécie de delírio". Em uma das diatribes mais apaixonadas que escreveu contra ele, Swedenborg o irmana com o mesmíssimo Satanás: "É o mais vil demônio, não sujeito a princípio algum, mas em geral contrário a todos". Suas críticas não tocaram Dippel, que se tornara imune ao escândalo depois de ter passado sete anos na prisão por suas ideias e práticas heréticas. Após cumprir sua sentença, renunciou a qualquer pretensão de humanidade: levou a cabo inúmeros experimentos com animais vivos e mortos, que dissecava com avidez. Seu objetivo era passar para a história como o primeiro homem a trasladar uma alma de um corpo para outro, embora tenham sido sua extrema crueldade e o gozo perverso com os quais manipulava os restos de suas vítimas que o acabaram transformando em lenda. Em seu livro *Afecções e remédios da vida da carne*, publicado em Leiden com o pseudônimo Christianus Democritus, afirmou ter descoberto o Elixir da Vida — a versão líquida da Pedra Filosofal —, capaz de curar qualquer mal e outorgar a imortalidade a quem o bebesse. Tentou trocar essa fórmula pelo direito à propriedade do castelo Frankenstein, mas o único uso que pôde dar a sua bebida foi como inseticida e repelente, graças a sua incomparável fetidez, produto da mistura de sangue, ossos, chifres e cascos em decomposição. Devido a essa mesma qualidade, seu líquido viscoso parecido ao piche foi usado séculos depois por tropas alemãs durante a Segunda Guerra Mundial, que o verteram como um agente químico não letal (e consequentemente livre dos Protocolos de Genebra) nos poços de água do Norte da África, para entorpecer o avanço das tropas do general Patton, cujos tanques as perseguiam pelas areias do deserto. Um dos componentes do elixir de Dippel foi o que acabou produzindo o azul que enfeitaria não só o céu da *Noite estrelada*, de Van Gogh, e as águas da *Grande onda de Kanagawa*, de Hokusai, mas também os uniformes da infantaria do Exército prussiano, como se houvesse algo na estrutura química da cor que invocasse a violência, uma sombra, uma mácula essencial herdada dos experimentos do alquimista, que despedaçou animais vivos e juntou suas partes em quimeras horríveis que tentou reanimar com eletricidade, monstros que inspiraram

Mary Shelley a escrever sua obra-prima, *Frankenstein ou o Prometeu moderno*, em cujas páginas advertiu sobre o avanço cego da ciência, a mais perigosa de todas as artes humanas.

O químico que descobriu o cianureto viveu esse perigo na própria pele: em 1782, Carl Wilhelm Scheele remexeu um pote de azul da Prússia com uma colher que continha restos de ácido sulfúrico e criou o veneno mais importante da idade moderna. Batizou seu novo composto de "ácido prussiano" e reconheceu imediatamente o enorme potencial que sua hiper-reatividade lhe outorgava. O que ele não poderia ter imaginado é que duzentos anos depois de sua morte, em pleno século XX, isso teria tantos usos industriais, médicos e químicos, que todo mês se fabricaria um volume suficiente para envenenar todos os seres humanos que habitam o planeta. Um homem de gênio injustamente esquecido, Scheele foi perseguido durante a vida toda pelo azar; apesar de ser o químico que descobriu mais elementos naturais (nove, incluindo o oxigênio, que chamou de *ar-fogo*), teve que compartilhar o crédito de cada um de seus achados com cientistas de menor talento, que difundiram resultados similares antes dele. O editor de Scheele demorou mais de cinco anos para publicar o livro que o sueco tinha preparado com amor e rigor extremo, chegando muitas vezes a cheirar e inclusive saborear as substâncias novas que conseguia conjurar no seu laboratório. Embora tenha tido a sorte de não o fazer com seu ácido prussiano — que o teria matado em segundos —, esse mau hábito mesmo assim lhe custou a vida aos quarenta e três anos; morreu com o fígado despedaçado e o corpo coberto da cabeça aos pés por bolhas purulentas, incapaz de se mexer devido ao acúmulo de líquido nas articulações. Foram os mesmos sintomas sofridos por milhares de crianças europeias cujos brinquedos e doces foram tingidos com uma cor fabricada por Scheele com base no arsênico, sem que conhecesse sua natureza tóxica, um verde-esmeralda tão deslumbrante e sedutor que se tornou a cor favorita de Napoleão.

O verde de Scheele cobria o papel de parede dos quartos e do banheiro da casa Longwood, a residência escura, úmida e infestada de ratos e aranhas que o imperador habitou durante seus seis anos de cativeiro nas mãos dos ingleses, na ilha de Santa Helena. A tinta que enfeitava seus aposentos pode explicar os altos níveis de arsênico que foram detectados em amostras de seu cabelo, analisadas dois séculos depois de sua morte, toxinas que poderiam ter causado o câncer que carcomeu um buraco do tamanho de uma bola de tênis em seu estômago. Em suas últimas semanas de vida, a doença devastou o corpo do imperador com a mesma velocidade com que seus soldados arrasaram a Europa: sua pele adquiriu um tom cinza e cadavérico, seus olhos perderam o brilho e se afundaram nas órbitas, sua barba rala se encheu de pedaços de vômito. Perdeu os músculos dos braços e suas pernas se encheram de pequenas cicatrizes, como se de repente recuperassem a memória de cada um dos pequenos cortes e arranhões que haviam sofrido ao longo de toda a sua vida. Mas Napoleão não foi o único que padeceu seu exílio na ilha, já que o séquito de empregados que viveu fechado com ele em Longwood deixou múltiplos testemunhos de constantes diarreias e dores de estômago, o horroroso inchaço das extremidades e uma sede que líquido algum conseguia saciar. Vários deles morreram com sintomas similares aos do homem que serviam, o que não impediu que médicos, jardineiros e outros membros do pessoal da casa brigassem aos empurrões pelos lençóis do imperador morto, apesar de estarem tingidos de sangue, manchados com merda e mijo, além de certamente contaminados com a substância que pouco a pouco o envenenara.

Se o arsênico é um assassino paciente, que se esconde nos tecidos mais profundos do seu corpo e se acumula ali durante anos, o cianureto rouba seu alento. Uma concentração alta o suficiente estimula de repente os receptores químicos do corpo carotídeo, disparando um reflexo que literalmente corta a respiração, descrito na literatura médica inglesa como *an audible gasp* que antecede a taquicardia, a apneia, as convulsões e o colapso cardiovascular. Essa rapidez o tornou o veneno favorito de muitos assassinos: os inimigos de Grigori Rasputin, por exemplo, tentaram liberar Alexandra Fiódorovna Românova, última tsarina do Império Russo, do feitiço sob o qual era mantida pelo clérigo, envenenando-o com petits-fours carregados de cianureto, mas por alguma razão ainda desconhecida, Rasputin se mostrou imune. Para matá-lo, tiveram que disparar nele três vezes no peito e uma na cabeça, amarrar seu cadáver com correntes de ferro e jogá-lo nas águas congeladas do rio Neva. O envenenamento fracassado não fez senão aumentar a fama do monge louco e a devoção que a imperatriz e as quatro filhas sentiam pelo seu corpo, a tal ponto que mandaram suas empregadas mais fiéis o resgatarem do gelo e o colocaram em um altar no meio de um bosque, onde permaneceu perfeitamente preservado pelo frio até que as autoridades decidiram incinerá-lo como única forma de fazê-lo desaparecer por completo.

O cianureto não seduziu apenas homicidas e assassinos: depois de crescerem nele peitos, devido à castração química à qual foi submetido pelo governo britânico para castigar sua homossexualidade, o gênio matemático e pai da computação, Alan Turing, se suicidou mordendo uma maçã injetada com cianureto. A lenda diz que o fez para imitar uma cena da Branca de Neve, seu filme favorito, cujo dístico — *Dip the apple in the brew./ Let the Sleeping Death seep through* — costumava cantar para si mesmo enquanto trabalhava. Mas a maçã nunca foi examinada para provar a hipótese do suicídio (embora suas sementes contenham uma substância que libera cianureto de forma natural; bastaria meia tigela delas para matar um ser humano) e há os que acreditam que Turing foi assassinado pelo serviço secreto britânico, apesar de ter liderado a equipe que rompeu o código com os quais os alemães cifravam suas comunicações durante a Segunda Guerra, algo que foi decisivo na vitória aliada. Um de seus biógrafos sugere que as ambíguas circunstâncias de sua morte (como a presença de um vidro com cianureto em seu laboratório caseiro ou a nota manuscrita que deixou em sua mesinha de cabeceira, que só continha o detalhe das compras que pensava fazer no dia seguinte) foram planejadas pelo próprio Turing, para que sua mãe acreditasse que sua morte tinha sido acidental, liberando-a do peso de seu suicídio. Aquela teria sido a última excentricidade de um homem que enfrentou todas as particularidades da vida com um olhar único e pessoal. Como o incomodava que seus colegas de escritório usassem sua tigela favorita, ele a amarrou a um radiador e colocou um cadeado com chave, que continua pendurado ali até hoje. Em 1940, quando a Inglaterra se preparava para uma possível invasão alemã, Turing comprou dois enormes lingotes de prata com suas economias e os enterrou em um bosque perto do trabalho. Criou um elaborado mapa em código para saber onde estavam, mas os escondeu tão bem que ele próprio foi incapaz de encontrá-los no final da guerra, mesmo usando um detector de metais. Em seu tempo livre, gostava de brincar de "ilha deserta", um passatempo que consistia em fabricar ele próprio a maior quantidade possível de produtos caseiros; criou seus próprios detergente, sabonete e um inseticida cuja potência incontrolável devastou os jardins de seus vizinhos. Durante a guerra, para chegar até seu escritório no centro de criptografia de Bletchley Park, usava uma bicicleta com uma corrente com defeito, que se recusava a consertar. Em vez de levá-la à oficina, simplesmente calculou o número de revoluções que ela podia aguentar e descia de um pulo segundos antes de ela cair de novo. Na primavera, quando suas alergias ao pólen se tornavam insuportáveis, optava por cobrir o rosto com uma máscara de gás (o governo britânico as havia distribuído para toda a população no início da guerra), semeando o pânico entre quem o via passar e imaginava um ataque iminente.

A possibilidade de a Alemanha bombardear a ilha com gás parecia inevitável. Um dos assessores do governo britânico assegurou que sofreriam mais de duzentas e cinquenta mil mortes de civis só durante a primeira semana, de modo que até os bebês recém-nascidos recebiam máscaras especialmente projetadas para eles. As crianças em idade escolar usavam o modelo Mickey Mouse, um apelido grotesco que procurava diminuir o horror que os pequenos sentiam ao ouvir o chocalho de madeira que os chamava para amarrar os elásticos sobre suas cabeças e respirar a borracha pestilenta que lhes cobria os rostos, enquanto seguiam instruções do Ministério da Guerra:

Prendam a respiração.
Segurem a máscara na frente do rosto com os polegares dentro dos elásticos.
Empurrem o queixo bem na frente da máscara.
Puxem os elásticos por cima o máximo que puderem.

Passem um dedo ao redor da máscara, cuidando para que os elásticos da cabeça não fiquem tortos.

As bombas de gás nunca caíram sobre a Inglaterra e as crianças aprenderam que se soprassem para fora quando usavam as máscaras soaria como uma rajada de peidos, mas a experiência do horror vivido pelos soldados que sofreram ataques com os gases sarin, mostarda e cloro nas trincheiras da Primeira Guerra Mundial penetrara o subconsciente de uma geração inteira. O melhor testemunho do medo inspirado pela primeira arma de destruição em massa da história foi a negação de todos os países de usar gás durante a Segunda Guerra. Os norte-americanos tinham enormes reservas prontas para serem empregadas e os ingleses haviam testado o antraz em ilhas remotas da Escócia, massacrando rebanhos de ovelhas e cabras. Hitler inclusive, que não viu nenhum inconveniente em usar gás nos campos de concentração, negou-se a utilizá-lo nos campos de batalha, embora seus cientistas tivessem fabricado cerca de sete mil toneladas de sarin, suficientes para erradicar a população de trinta cidades do tamanho de Paris. Mas o Führer conhecia o gás. Vira-o nas trincheiras quando não passava de um soldado raso e sofrera parte da agonia que causava.

O primeiro ataque com gás da história arrasou as tropas francesas e argelinas entrincheiradas perto da pequena cidade de Ypres, na Bélgica. Ao acordar na madrugada de quinta-feira, dia 22 de abril de 1915, os soldados viram uma enorme nuvem esverdeada que deslizava na direção deles pela terra de ninguém. Duas vezes mais alta do que um homem e tão densa quanto a névoa invernal, estendia-se de um lado a outro do horizonte, ao longo de seis quilômetros. Na sua passagem, as folhas das árvores murchavam, as aves caíam mortas do céu e a grama se tingia de uma cor metálica doentia. Um aroma similar a abacaxi e água sanitária fez coçar a garganta dos soldados quando o gás reagiu com a mucosa de seus pulmões, formando ácido clorídrico. À medida que a nuvem se empoçava nas trincheiras, centenas de soldados desabavam com convulsões, afogando-se no próprio muco, com catarro amarelo borbulhando na boca, a pele azulada pela falta de oxigênio. "Os meteorologistas tinham razão. Era um lindo dia, o sol brilhava. Onde havia grama, ela resplandecia verde. Deveríamos estar indo a um piquenique, não fazendo o que íamos fazer", escreveu Willi Siebert, um dos soldados que abriu parte dos mil cilindros de gás cloro que os alemães derramaram naquela manhã em Ypres. "De repente escutamos os franceses gritando. Em menos de um minuto comecei a ouvir a maior descarga de munições de rifle e metralhadoras que escutei na minha vida. Cada canhão de artilharia, cada rifle, cada metralhadora que os franceses tinham deve ter sido disparado. Nunca ouvi um estrondo similar. A chuva de balas que passava assobiando sobre nossas cabeças era incrível, mas não estava detendo o gás. O vento continuava a empurrá-lo na direção das linhas francesas. Escutávamos as vacas berrando e os cavalos relinchando. Os franceses continuaram disparando, mesmo sendo impossível que vissem em quê. Em uns quinze minutos, o fogo começou a se deter. Depois de meia hora, só disparos ocasionais. Então tudo ficou quieto de novo. Depois de um tempo, o ar se renovou e andamos para além das garrafas de gás vazias. O que vimos foi a morte total. Nada estava vivo. Todos os animais tinham saído de seus buracos para morrer. Coelhos, camundongos, ratos mortos por toda parte. O cheiro de gás ainda flutuava no ar, suspenso nos poucos arbustos que restaram. Quando chegamos nas linhas francesas, as trincheiras estavam vazias, mas a meia milha os corpos dos soldados franceses estavam espalhados por toda parte. Foi incrível. Depois vimos que havia alguns ingleses. A gente podia ver como os homens tinham arranhado rosto e pescoço, tentando respirar de novo. Alguns tinham disparado em si mesmos. Os cavalos, mesmo nos estábulos, as vacas, as galinhas, tudo, todos estavam mortos. Tudo, até os insetos estavam mortos."

O homem que planejara o ataque com gás em Ypres era o criador dessa nova forma de fazer guerra, o químico Fritz Haber. De origem judia, Haber era um verdadeiro gênio, e talvez a única pessoa nesse campo de batalha capaz de compreender as complexas reações moleculares que tornaram preta a pele de mil e quinhentos soldados mortos em Ypres. O sucesso de sua missão lhe valeu uma ascensão a capitão, uma promoção à chefia da seção de Química do Ministério da Guerra e um jantar com o próprio cáiser Guilherme II, mas ao voltar foi confrontado por sua esposa. Clara Immerwahr — a primeira mulher a receber um doutorado em química de uma universidade alemã — não apenas vira o efeito do gás em animais no laboratório, mas estivera muito perto de perder o marido, quando o vento mudou de repente em uma das provas de campo. O gás soprou direto para a colina em que Haber, montado em seu cavalo, dirigia suas tropas. Fritz se salvou por milagre, mas um de seus ajudantes não conseguiu escapar da nuvem tóxica; Clara o viu morrer no chão, retorcendo-se como se tivesse sido invadido por um exército de formigas esfomeadas. Quando Haber retornou vitorioso do massacre de Ypres, Clara o acusou de ter pervertido a ciência ao criar um método para exterminar humanos em escala industrial, mas Fritz a ignorou completamente: para ele, a guerra era a guerra e a morte era a morte, fosse qual fosse o meio de infligi-la.

Ele aproveitou sua folga de dois dias para convidar todos os seus amigos para uma festa que durou até a madrugada, no fim da qual sua mulher desceu até o jardim, tirou os sapatos e disparou no próprio peito com o revólver de serviço do marido. Ela morreu dessangrada nos braços do seu filho de treze anos, que correu escadas abaixo ao escutar o tiro. Ainda em estado de choque, Fritz Haber foi obrigado a viajar no dia seguinte para supervisionar um ataque de gás no front oriental. Durante o resto da guerra continuou refinando métodos para espalhar o veneno com maior eficácia, acossado pelo espectro da mulher. "Realmente me faz bem, de tanto em tanto, estar no front, onde as balas voam. Ali a única coisa que importa é o instante, e o único dever é fazer o possível nos limites da trincheira. E depois de volta ao centro de comando, acorrentado ao telefone, onde escuto no meu coração as palavras que minha pobre mulher disse uma vez, e em uma visão nascida da exaustão, vejo sua cabeça emergir entre os telegramas. E sofro."

Depois do armistício de 1918, Fritz Haber foi declarado criminoso de guerra pelos Aliados, apesar de eles terem utilizado o gás com o mesmo fervor que as potências do Eixo. Ele teve que escapar da Alemanha para se refugiar na Suíça, onde recebeu a notícia de que tinha obtido o prêmio Nobel de química por uma descoberta que fizera pouco antes da guerra, e que nas décadas seguintes alteraria o destino da espécie humana.

Em 1907, Haber foi o primeiro a extrair nitrogênio — o principal nutriente de que as plantas precisam para crescer — diretamente do ar. Com isso, solucionou, da noite para o dia, a escassez de fertilizantes que no início do século XX ameaçava desencadear uma fome global nunca antes vista; se não fosse Haber, milhões de pessoas que até então dependiam de substâncias naturais como o guano e o salitre para adubar suas lavouras poderiam ter morrido pela falta de alimentos. Em séculos anteriores, a demanda insaciável da Europa levara bandos ingleses a viajar até o Egito para saquear as catacumbas dos antigos faraós, não em busca de ouro, joias ou antiguidades, mas do nitrogênio contido nos ossos dos milhares de escravizados com os quais os reis do Nilo tinham se inumado para que continuassem a servi-los para além da morte. Os ladrões ingleses de túmulos já tinham esgotado as reservas da Europa continental; eles desenterraram mais de três milhões de esqueletos, incluindo as ossaturas de milhares de soldados e cavalos mortos nas batalhas de Austerlitz, Leipzig e Waterloo, para enviá-los de barco ao porto de Hull, no norte da Inglaterra, onde eram moídos nos trituradores de ossos de Yorkshire para fertilizar os campos verdes de Albion. Do outro lado do Atlântico, os crânios de mais de trinta milhões de bisontes massacrados nas pradarias americanas eram recolhidos um por um pelos camponeses e indígenas pobres, para vendê-los ao Sindicato de Ossos de Dakota do Norte, que os amontoava até formar uma pilha do tamanho de uma igreja antes de transportá-los à fábrica que os moía para produzir fertilizante e "preto de osso", o pigmento mais escuro encontrado na época. O que Haber conseguira no laboratório, Carl Bosch, o principal engenheiro do gigante químico alemão BASF, transformou em um processo industrial capaz de produzir centenas de toneladas de nitrogênio em uma fábrica do tamanho de uma cidade pequena, operada por mais de cinquenta mil trabalhadores. O processo Haber-Bosch foi a descoberta química mais importante do século XX: ao duplicar a quantidade de nitrogênio disponível, permitiu a explosão demográfica que fez a população humana crescer de um bilhão e seiscentas mil para sete bilhões de pessoas em menos de cem anos. Hoje, cerca de cinquenta por cento dos átomos de nitrogênio dos nossos corpos foram criados de forma artificial, e mais da metade da população mundial depende de alimentos fertilizados graças à invenção de Haber. O mundo moderno não poderia existir sem o homem que "extraiu pão do ar", segundo palavras da imprensa de sua época, embora o uso imediato do achado milagroso não tenha sido alimentar as massas esfomeadas, mas prover a Alemanha com a matéria-prima de que precisava para continuar fabricando pólvora e explosivos durante a Primeira Guerra Mundial, depois de a frota inglesa ter cortado seu acesso ao salitre chileno. Com o nitrogênio de Haber, o conflito europeu se prolongou mais dois anos, aumentando as baixas de ambos os lados em vários milhões de pessoas.

Um dos que sofreu devido à extensão da guerra foi um jovem cadete de vinte e cinco anos; aspirante a artista, evitara o serviço militar obrigatório de todas as formas possíveis, até que a polícia chegou para buscá-lo no número 34 da rua Schleissheimer, em Munique, em janeiro de 1914. Sob ameaça de prisão, apresentou-se ao exame médico em Salzburgo, mas foi declarado "não apto, fraco demais e incapaz de portar armas". Em agosto desse ano — quando milhares de homens se inscreviam voluntariamente nas Forças Armadas, sem poder conter sua vontade de participar na guerra por vir —, o jovem pintor teve uma súbita mudança de atitude: escreveu uma petição pessoal ao rei Luís III da Baviera para poder servir como austríaco no Exército bávaro. A autorização chegou no dia seguinte.

Adi, como era chamado carinhosamente por seus colegas do Regimento List, foi enviado direto para a batalha que na Alemanha chegou a ser conhecida como *Kindermord bei Ypern*, a matança dos inocentes, já que quarenta mil jovens que tinham acabado de se alistar morreram em apenas vinte dias. Dos duzentos e cinquenta homens que formavam sua companhia, só quarenta conseguiram sobreviver; Adi foi um deles. Recebeu a Cruz de Ferro, foi promovido a cabo e nomeado mensageiro da Sede do seu Regimento, passando os anos seguintes a uma distância confortável do front, lendo livros de política e brincando com um fox terrier que adotou e chamou de Fuchsl, raposinha. Ele ocupava seu tempo ocioso pintando aquarelas azuladas e fazendo esboços com carvão do seu animal de estimação e da vida na caserna. No dia 15 de outubro de 1918, enquanto languidescia esperando novas ordens, foi momentaneamente cegado por um ataque com gás mostarda lançado pelos ingleses e passou os últimos dois meses da guerra convalescendo em um hospital da pequena cidade de Pasewalk, na Pomerânia, sentindo que seus olhos tinham se tornado dois carvões de um vermelho vivo. Quando soube das notícias da derrota da Alemanha e da abdicação assinada pelo cáiser Guilherme II, sofreu um segundo ataque de cegueira, muito diferente do que havia sido causado pelo gás: "Tudo se tornou preto diante dos meus olhos. Voltei tateando para o pavilhão e cambaleando me joguei no beliche, afundando minha cabeça que ardia no travesseiro", lembrou-se anos depois, em uma cela da prisão de Landsberg, acusado de traição por dirigir um fracassado golpe de Estado. Ali passou nove meses consumido pelo ódio, humilhado ainda pelas condições impostas a seu país adotivo pelas potências vencedoras e pela covardia dos generais, que tinham se rendido em vez de lutar até o último homem. Da prisão planejou sua vingança: escreveu um livro sobre sua luta pessoal e detalhou um plano para erguer a Alemanha sobre todas as nações do mundo, algo que estava disposto a fazer com suas próprias mãos, se fosse necessário.

No período do entreguerras, enquanto Adi escalava até o cume do Partido Nacional-Socialista dos Trabalhadores, gritando as arengas do discurso racista e antissemita que o acabaria coroando como o Führer de toda a Alemanha, Fritz Haber fazia seus próprios esforços para recompor a glória de sua pátria.

Encorajado pelo sucesso que obtivera com o nitrogênio, Haber se propôs a reconstruir a República de Weimar e a pagar as reparações de guerra que estrangulavam sua economia mediante um processo tão prodigioso como o que lhe valera o Nobel: coletar ouro das ondas do mar. Viajando com uma identidade falsa para não levantar suspeitas, recolheu cinco mil mostras de água de diversos mares do mundo e pedaços de gelo do Polo Norte e da Antártida. Estava convencido de que conseguiria garimpar ouro dissolvido nos oceanos, mas depois de anos de trabalho árduo teve que aceitar que seu cálculo original superestimara o conteúdo desse metal precioso em várias ordens de magnitude. Voltou para seu país de mãos vazias.

Na Alemanha, ele se refugiou em seu trabalho como diretor do Instituto Kaiser Wilhelm de Físico-Química e Eletroquímica enquanto o antissemitismo ia crescendo a seu redor. Momentaneamente protegido no oásis acadêmico, Haber e sua equipe produziram múltiplas novas substâncias; uma delas usava o cianureto para formar um pesticida de gás cuja ação era tão violenta que o batizaram de *Zyklon*, a palavra alemã que designa os ventos de um furacão. A efetividade radical do composto assombrou os entomólogos que o utilizaram pela primeira vez, para desinfetar piolhos de um barco que cobria a rota entre Hamburgo e Nova York, e eles escreveram diretamente para Haber para elogiar "a extremada elegância do processo de erradicação". Graças a esse novo sucesso, Haber fundou a Comissão Nacional para o Controle de Pestes; dali organizou a matança de percevejos e pulgas nos submarinos da armada e ratos e baratas na caserna do Exército. Lutou contra uma verdadeira legião de traças que atacava a farinha que o governo acumulava em silos repartidos ao longo de todo o território nacional, que Haber descreveu para seus superiores como "uma praga bíblica que ameaçava o bem-estar do espaço vital germano", sem saber que eles tinham começado a implementar a perseguição de todos aqueles que compartilhavam a origem judia de Haber.

Fritz tinha se convertido ao cristianismo aos vinte e cinco anos. Estava tão identificado com seu país e seus costumes que seus filhos só ficaram sabendo de sua ascendência quando ele lhes disse que deviam fugir da Alemanha. Haber fugiu depois deles e pediu asilo na Inglaterra, mas foi violentamente repudiado por seus colegas britânicos, que conheciam o papel que ele havia desempenhado na guerra química. Teve que abandonar a ilha pouco depois de chegar. Dali se esgueirou de um país a outro, tentando alcançar a Palestina, com o peito apertado pela dor, já que seus vasos sanguíneos não eram capazes de levar sangue suficiente para o coração. Morreu na Basileia, em 1934, abraçado ao cilindro com o qual dilatava suas artérias coronárias, sem saber que poucos anos mais tarde o pesticida que ele ajudara a criar seria utilizado pelos nazistas em suas câmaras de gás para assassinar sua meia-irmã, seu cunhado, seus sobrinhos e tantos outros judeus que morreram de cócoras, com os músculos enrijecidos e a pele coberta de manchas vermelhas e verdes, sangrando pelos ouvidos, espumando pela boca, com os mais jovens esmagando as crianças e os velhos tentando escalar a pilha de corpos nus para poder respirar mais uns minutos, uns segundos, já que o Zyklon B empoçava perto do chão depois de ser vertido por fendas no teto.

Quando a névoa de cianureto era dissipada por ventiladores, os cadáveres eram arrastados até enormes fornos e incinerados. Suas cinzas eram enterradas em fossas comuns, jogadas em rios e estanques ou espalhadas como adubo nos campos do entorno.

Entre as poucas coisas que Fritz Haber tinha consigo ao morrer, foi encontrada uma carta escrita para sua mulher. Nela, Haber confessa que sente uma culpa insuportável; não pelo papel que desempenhou na morte de tantos seres humanos, direta ou indiretamente, mas porque seu método para extrair nitrogênio do ar tinha alterado de tal maneira o equilíbrio natural do planeta que ele temia que o futuro desse mundo não pertencesse ao ser humano, e sim às plantas, já que bastaria que a população mundial diminuísse a um nível pré-moderno durante apenas um par de décadas para que elas ficassem livres para crescer sem freio, aproveitando o excesso de nutrientes que a humanidade tinha lhes legado para se multiplicar, frutificar e ser fecundas, espalhando-se sobre a face da terra até cobri-la completamente, afogando todas as formas de vida sob um verdor terrível.

A singularidade de Schwarzschild

No dia 24 de dezembro de 1915, enquanto tomava chá no seu apartamento de Berlim, Albert Einstein recebeu um envelope enviado das trincheiras da Primeira Guerra Mundial.

O envelope atravessara um continente em chamas: estava sujo, amassado e coberto de lama. Uma de suas pontas tinha se rasgado completamente, e o nome do remetente estava oculto por trás de uma mancha de sangue. Einstein o pegou com luvas e o abriu com uma faca. Dentro achou uma carta com a última faísca de um gênio: Karl Schwarzschild, astrônomo, físico, matemático, e tenente do Exército alemão.

"Como pode ver, a guerra me tratou com suficiente amabilidade, apesar do intenso tiroteio, a ponto de eu poder escapar de tudo e fazer esta breve caminhada na terra de suas ideias", terminava a carta que Einstein leu estupefato, mas não porque um dos cientistas mais respeitados da Alemanha estivesse comandando uma unidade de artilharia no front russo, nem pelas crípticas advertências que seu amigo lhe fazia sobre uma catástrofe vindoura, mas pelo que vinha escrito no verso: redigida em uma letra tão minúscula que Einstein teve que usar uma lupa para decifrá-la, Schwarzschild lhe enviara a primeira solução exata das equações da teoria da relatividade geral.

Ele teve que relê-la várias vezes. Havia quanto tempo sua teoria tinha sido publicada? Menos de um mês? Era impossível que Schwarzschild tivesse resolvido equações tão complexas em tão pouco tempo, se até mesmo ele — que as inventara — só pudera encontrar soluções aproximadas. A de Schwarzschild era exata: descrevia perfeitamente a maneira como a massa de uma estrela deforma o espaço e o tempo ao seu redor.

Mesmo tendo a solução nas mãos, Einstein não conseguia acreditar. Sabia que esses resultados seriam fundamentais para aumentar o interesse da comunidade científica pela sua teoria, que, até esse momento, gerara muito pouco entusiasmo, em grande medida devido a sua complexidade. Einstein já tinha se resignado a que ninguém seria capaz de resolver suas equações de forma satisfatória, ao menos não durante sua vida. Que Schwarzschild o tivesse feito entre explosões de morteiro e nuvens de gás venenoso era um verdadeiro milagre: "Jamais teria imaginado que se pudesse formular a solução para o problema de maneira tão simples", respondeu a Schwarzschild assim que recuperou a calma, prometendo-lhe que apresentaria seu trabalho à academia o quanto antes, sem saber que escrevia a um homem morto.

O truque que Schwarzschild usara para obter sua solução era simples: analisou uma estrela idealizada, perfeitamente esférica, sem rotação nem carga elétrica, e depois empregou as equações de Einstein para calcular como essa massa alteraria a forma do espaço, similar à maneira como uma bala de canhão posta sobre uma cama curvaria o colchão.

Suas medições foram tão precisas que são usadas até hoje para traçar o movimento das estrelas, as órbitas dos planetas e a distorção sofrida pelos raios de luz ao passar perto de um corpo com uma grande influência gravitacional.

Mas havia algo profundamente estranho nos resultados de Schwarzschild.

Funcionavam para uma estrela comum; ali o espaço se curvava de maneira suave, tal como Einstein tinha predito, e o astro ficava suspenso no meio dessa depressão, como duas crianças dormindo no tecido de uma rede. O problema surgia quando massa demais se concentrava dentro de uma área pequena, como ocorre quando uma estrela gigante esgota seu combustível e começa a colapsar sobre si mesma. Segundo os cálculos de Schwarzschild, ali o espaço e o tempo não se distorciam: eles se rasgavam. A estrela se tornava cada vez mais compacta e sua densidade crescia sem parar. A força da gravidade se tornava tão forte que o espaço se curvava de forma infinita, fechando-se sobre si mesmo. O resultado era um abismo sem saída, separado para sempre do resto do universo.

Isso foi chamado de *singularidade de Schwarzschild*.

No início, até Schwarzschild descartou esse resultado como uma aberração matemática. Afinal de contas, a física está cheia de infinitos que não passam de números sobre o papel, abstrações que não representam objetos do mundo real ou indicam apenas uma falha nos cálculos. A singularidade nas suas medições sem dúvida era isso: um erro, uma estranheza, um delírio metafísico.

Porque a alternativa era impensável: a certa distância de sua estrela idealizada, a matemática de Einstein enlouquecia: o tempo parava, o espaço se enroscava como uma serpente. No centro da estrela morta, toda a massa se concentrava em um ponto de densidade infinita. Para Schwarzschild era inconcebível que pudesse existir algo assim no universo.

Não só desafiava o senso comum e colocava em dúvida a validez da relatividade geral, mas ameaçava os fundamentos da física: na singularidade, até mesmo as próprias noções de espaço e tempo perdiam sentido. Karl tentou encontrar uma saída lógica para o enigma que descobrira. Talvez a culpa residisse em seu próprio engenho. Porque não existiam estrelas perfeitamente esféricas, completamente imóveis e sem carga elétrica: a anomalia brotava das condições ideais que ele impusera ao mundo, impossíveis de replicar na realidade. Sua singularidade, disse a si mesmo, era um monstro horrível mas imaginário, um tigre de papel, um dragão chinês.

E, no entanto, não conseguia tirá-la da cabeça. Mesmo imerso no caos da guerra, a singularidade se espalhou pela sua mente como uma mancha, sobreposta ao inferno das trincheiras; via-a nas feridas de bala de seus colegas, nos olhos dos cavalos mortos na lama, no reflexo dos vidros das máscaras de gás. Sua imaginação foi pega pelo solavanco de sua descoberta; com espanto, percebeu que se sua singularidade existisse, duraria até o fim do universo. Suas condições ideais a tornavam um objeto eterno, que não crescia nem minguava, mas permanecia sempre igual a si mesma. Diferente de todas as outras coisas, não mudava com o devir e era duplamente inescapável: dentro da estranha geometria espacial que ela criava, a singularidade se situava em ambos os extremos do tempo: podia-se fugir dela para o passado mais remoto ou viajar para o futuro mais longínquo, só para encontrá-la de novo. Na última carta que enviou da Rússia à sua mulher, escrita no mesmo dia em que decidiu compartilhar seu achado com Einstein, Karl se queixa de algo estranho que começou a crescer dentro dele: "Não sei nomear nem definir, mas possui uma força incontrolável e obscurece todos os meus pensamentos. É um vazio sem forma nem dimensões, uma sombra que não consigo ver, mas que sinto com toda a minha alma".

Pouco depois, o mal-estar invadiu seu corpo.

Sua doença começou com duas bolhas no canto da boca. Um mês depois cobriam mãos, pés, garganta, lábios, pescoço e genitais. Em dois meses, estava morto.

Os médicos militares o diagnosticaram com pênfigo, uma doença na qual o corpo não reconhece suas próprias células e as ataca violentamente. Comum entre os judeus asquenazes, os médicos que o trataram lhe disseram que o gatilho poderia ter sido sua exposição a um ataque de gás, ocorrido meses antes. Karl o descreveu em seus diários: "A Lua atravessava o céu tão rápido que parecia que o tempo tinha se acelerado. Meus soldados prepararam suas armas e esperaram a ordem de atacar, mas a estranheza do fenômeno lhes pareceu um mau presságio e eu podia ver o temor em seus rostos". Karl procurou explicar a eles que a Lua não mudara de natureza; era uma ilusão de óptica, causada por uma tênue camada de nuvens que ao atravessar a face do satélite fazia com que parecesse maior e mais veloz. Embora tenha lhes falado com a mesma ternura com a qual teria se dirigido a seus filhos, não conseguiu convencê-los. Ele mesmo não podia espantar a sensação de que tudo estava se mexendo a uma velocidade maior desde o início da guerra, como se estivesse deslizando ladeira abaixo. Quando o céu ficou limpo, viu os ginetes galopando a toda velocidade, perseguidos por uma densa nuvem que avançava na sua direção como uma onda do mar. A névoa se estendia por todo o horizonte, alta como a parede de um penhasco. À distância parecia imóvel, mas logo envolveu os pés de um dos cavalos e o animal e seu ginete caíram fulminados. O alarme soou ao longo de toda a trincheira. Karl teve que ajudar dois jovens soldados, petrificados pelo temor, a ajustar os elásticos de suas máscaras e quase não chegou a colocar a sua quando a nuvem de gás desceu sobre eles.

No início da guerra, Schwarzschild tinha mais de quarenta anos e era diretor do Observatório mais prestigioso da Alemanha; qualquer uma dessas coisas o teria eximido do serviço ativo. Mas Karl era um homem de honra que amava seu país e, assim como milhares de outros judeus alemães, estava ansioso por demonstrar seu patriotismo. Alistou-se de forma voluntária, sem escutar os conselhos de amigos nem as advertências da esposa.

Antes de conhecer a realidade do combate e de sofrer na própria pele o horror da guerra moderna, Schwarzschild rejuvenescera pela camaradagem militar. Depois de seu batalhão se dispersar pela primeira vez — e sem que ninguém tivesse pedido —, Karl encontrou um sistema para aperfeiçoar a mira dos tanques, que construiu nas horas vagas, com o mesmo entusiasmo com que montara seu primeiro telescópio, como se os jogos e simulacros dos seus meses de treinamento tivessem lhe devolvido a curiosidade incontrolável da infância.

Cresceu obcecado pela luz. Aos sete anos, desmontou os óculos de seu pai e ajeitou as lentes dentro de um jornal enrolado, com o qual mostrava para o irmão os anéis de Saturno. Passava as noites acordado, mesmo quando o céu estava completamente nublado; seu pai, preocupado ao ver o menino escrutando um firmamento preto, perguntou-lhe o que estava procurando. Karl respondeu que havia uma estrela escondida por trás das nuvens, que só ele conseguia ver.

Do minuto em que começou a falar, não se referiu a outra coisa além dos astros. Foi o primeiro cientista em uma família de comerciantes e artistas. Aos dezesseis anos, publicou uma pesquisa na prestigiosa revista *Astronomische Nachrichten* sobre as órbitas estelares dos sistemas binários. Antes de completar vinte, já escrevera sobre a evolução das estrelas — da sua formação como nuvens de gás até sua catastrófica explosão final — e inventara um sistema para medir a intensidade da sua luz.

Estava convencido de que a matemática, a física e a astronomia constituíam um saber só, que devia ser compreendido como um todo. Acreditava que a Alemanha poderia se tornar uma potência civilizatória, comparável à antiga Grécia, mas para isso era necessário levar sua ciência à altura que já tinham alcançado sua filosofia e sua arte, já que "só uma visão de conjunto, como a de um santo, um louco ou um místico, nos permitirá decifrar a forma como está organizado o universo".

Quando criança, tinha os olhos juntos e as orelhas grandes, o nariz batatudo, os lábios finos e o queixo pontiagudo. Já adulto, a testa ampla e descoberta, o cabelo ralo anunciando uma calvície que não chegaria a desenvolver, o olhar cheio de inteligência e um sorriso maroto escondido por trás de um bigode de corte imperial, tão espesso como o de Nietzsche.

Estudou em um colégio judaico, onde esgotou a paciência dos rabinos com perguntas para as quais ninguém tinha respostas: qual era o verdadeiro significado do versículo do Livro de Jó, que diz que Iahweh "estende o norte sobre o vazio e pendura a Terra sobre o nada"? Nas margens de seus cadernos, ao lado dos problemas aritméticos que tanto frustravam seus colegas, Karl calculou o equilíbrio de corpos líquidos em rotação, obcecado pela estabilidade dos anéis de Saturno, que ele via se desintegrar repetidas vezes, em um pesadelo recorrente. Para moderar suas obsessões, seu pai o obrigou a fazer aulas de piano. No fim da segunda aula, Karl abriu a tampa do instrumento e desmontou todas as cordas, para entender a lógica por trás do som; ele lera o *Harmonice mundi*, de Johannes Kepler, que acreditava que cada planeta tocava uma melodia em seu trânsito ao redor do Sol, uma música das esferas que nossos ouvidos não chegam a distinguir, mas que a mente humana seria capaz de decifrar.

Nunca perdeu sua capacidade de assombro: quando era um estudante universitário observou um eclipse total do cume do monte Jungfraujoch e, embora entendesse o mecanismo celeste que produzia o fenômeno, custava a aceitar que um corpo tão diminuto como a Lua fosse capaz de mergulhar toda a Europa na mais profunda escuridão. "Quão estranho é o espaço e quão temperamentais as leis da óptica e da perspectiva, que permitem ao menor dos meninos tampar o Sol com seu dedo", escreveu ao seu irmão Alfred, que vivia como pintor em Hamburgo.

Para a tese que lhe valeu o doutorado, calculou a deformação sofrida pelos satélites devido à força gravitacional dos planetas em torno dos quais orbitam. Em nossa Lua, a massa da Terra gera uma maré que percorre sua superfície, similar ao efeito que ela tem sobre nossos oceanos. No seu caso, é uma onda de rocha sólida de quatro metros de altura que se propaga ao longo da crosta. A atração entre os dois corpos sincroniza seus períodos de rotação de maneira perfeita: como a Lua leva o mesmo tempo para girar ao redor de seu próprio eixo e para dar uma volta ao redor de nosso planeta, uma de suas faces fica sempre oculta à nossa vista. Esse lado escuro permaneceu fora de nosso alcance desde o nascimento da espécie humana até o ano de 1959, quando a sonda soviética *Luna* a fotografou pela primeira vez.

Quando realizava seus estudos no Observatório Kuffner, uma estrela binária da constelação do Cocheiro, sobre o ombro de Orion, se tornou nova. Por uns dias, foi o objeto mais brilhante do céu. A anã branca desse sistema duplo permanecera adormecida por uma eternidade, depois de ter consumido todo seu combustível, mas começou a se alimentar de sua estrela companheira, uma gigante vermelha, e voltou à vida com uma explosão colossal. Schwarzschild passou três dias e três noites observando-a, sem dormir; entender a morte catastrófica das estrelas lhe parecia algo essencial para a futura sobrevivência da nossa espécie: se uma delas explodisse perto da Terra, poderia arrasar nossa atmosfera e extinguir todas as formas de vida.

Um dia depois de completar vinte e oito anos, tornou-se o professor universitário mais jovem da Alemanha. Foi nomeado diretor do Observatório da Universidade de Göttingen, embora tenha se negado a cumprir o pré-requisito de se batizar cristão para poder exercer o cargo.

Em 1905, viajou para a Argélia para observar um eclipse total, mas não respeitou o tempo máximo de exposição e danificou a córnea do olho esquerdo. Quando removeram o tapa-olho que teve que usar durante semanas, notou uma sombra do tamanho de uma moeda de dois marcos no seu campo visual, que podia ver inclusive de olhos fechados. Os médicos lhe disseram que o dano era irreversível. A seus amigos, preocupados com o impacto que uma futura cegueira poderia ter na sua carreira de astrônomo, disse — meio de brincadeira, meio a sério — que tinha sacrificado um olho para ver mais longe com o outro, como Odin.

Como se quisesse demonstrar que o acidente não diminuíra suas faculdades, nesse ano Schwarzschild publicou um artigo após o outro, trabalhando como um homem possuído. Analisou o transporte de energia por radiação através de uma estrela, realizou estudos sobre o equilíbrio da atmosfera do Sol, descreveu a distribuição das velocidades estelares e propôs um mecanismo para modelar a transferência radiativa. Sua mente pulava de um tema a outro, incapaz de conter seu próprio impulso. Arthur Eddington o comparou com um líder de guerrilha, já que "seus ataques caíam onde menos se esperava e sua voracidade intelectual não conhecia limites, mas incluía todos os âmbitos do conhecimento". Alarmados com o fervor maníaco com que enfrentava a produção acadêmica, seus colegas o advertiram de que diminuísse o ritmo, temerosos de que o fogo que o animava acabasse por consumi-lo. Karl não lhes deu ouvidos. A física não bastava. Aspirava a um saber como o perseguido pelos alquimistas e trabalhava impulsionado por uma estranha urgência que ele mesmo não conseguia explicar: "Frequentemente fui infiel aos céus. Meu interesse nunca foi limitado às coisas que se situam no espaço, para além da Lua, mas segui os fios que se tecem dali até as zonas mais obscuras da alma humana, já que é para lá que devemos levar a nova luz da ciência".

Em tudo o que fazia costumava ir longe demais; durante uma expedição nos Alpes à qual tinha sido convidado pelo seu irmão Alfred, ordenou aos guias que afrouxassem as cordas na parte mais escarpada do cruzamento de uma geleira, pondo em risco toda a expedição. Ele fez isso só para poder se aproximar de dois de seus colegas, de pé a alguns metros da borda de um penhasco, e resolver uma equação na qual tinham trabalhado juntos, arranhando símbolos no gelo eterno com o gume de seus machados. Seu irmão ficou tão zangado com sua irresponsabilidade extrema que nunca mais escalou com ele, apesar de durante seus anos universitários terem passado quase todos os finais de semana percorrendo as montanhas da Floresta Negra. Alfred sabia o quão obsessivo seu irmão mais velho podia ser: no ano de sua graduação, uma tempestade de neve os isolou no cume do monte Brocken, nas montanhas Harz. Para não morrer de frio, tiveram que construir um refúgio e dormir abraçados como quando eram crianças. Sobreviveram compartilhando uma bolsa de nozes, mas, quando ficaram sem água ou fósforos para derreter a neve, viram-se obrigados a empreender a descida na metade da noite, iluminados apenas pela luz das estrelas. Alfred desceu completamente aterrorizado, aos tropeços, mas saiu ileso. Karl não deu um passo em falso, como se de alguma forma pudesse ver o caminho no meio da escuridão, mas sofreu danos nos nervos da mão direita por causa do frio; tinha tirado as luvas no refúgio várias vezes, para revisar os cálculos de uma série de curvas elípticas.

Como pesquisador era igualmente impulsivo: costumava remover acessórios de um instrumento para utilizá-los em outro, sem nenhum registro; se precisava de um diafragma com urgência, simplesmente fazia um buraco na tampa do vidro. Quando deixou Göttingen para dirigir o Observatório de Potsdam, seu substituto quase renunciou antes de assumir o cargo: ao realizar um inventário completo para ver até que ponto as instalações tinham sido degradadas sob a direção de Schwarzschild, encontrou uma transparência da Vênus de Milo no interior do plano focal do telescópio maior, disposta de tal forma que os braços da deusa fossem delineados pelas estrelas da constelação de Cassiopeia.

Era extremadamente desajeitado com as mulheres. Embora suas alunas o perseguissem e se referissem a ele como "o professor dos olhos brilhantes", só se atreveu a beijar a futura esposa, Else Rosenbach, na segunda vez em que a pediu em casamento. Else recusou a primeira proposta, pois temia que seu interesse por ela fosse somente intelectual; Karl era tão tímido que não a tocara a não ser uma vez durante um longuíssimo cortejo e, mesmo daquela vez, tinha sido por engano; ele colocara uma mão no seu peito enquanto a ajudava a focar a estrela Polaris através da lente de um pequeno telescópio caseiro. Eles se casaram em 1909, tiveram uma filha, Ágata, e dois filhos, Martin e Alfred. A menina estudou os clássicos e se tornou uma especialista em filologia grega, o irmão mais velho foi professor de astrofísica em Princeton, enquanto o menor nasceu com uma palpitação estranha no coração e as pupilas perpetuamente dilatadas, sofreu múltiplos colapsos nervosos ao longo da vida e se suicidou ao não poder fugir da Alemanha, depois que começou a perseguição contra os judeus.

Como muitas pessoas sensíveis, à medida que se aproximava a Primeira Guerra Mundial, Schwarzschild foi invadido por uma sensação de desastre iminente, que nele se manifestou como um temor específico: que a física fosse incapaz de explicar os movimentos estelares e encontrar uma ordem no universo. "Existe por acaso alguma coisa que esteja em descanso, ao redor da qual o resto do universo seja construído, ou será que não há onde se aferrar nesta cadeia sem fim de movimentos, à qual tudo parece preso? Percebam a que ponto caímos na insegurança se a imaginação humana não consegue encontrar um lugar sequer onde deixar cair a âncora e nenhuma pedra do mundo tem direito de se considerar imóvel!" Schwarzschild sonhava com o surgimento de um novo Copérnico, alguém que pudesse modelar a intrincada mecânica celestial e encontrar o esquema que rege as complexas órbitas traçadas pelas estrelas ao longo do firmamento. A alternativa lhe era insuportável: que não houvesse nada além de esferas mortas entregues ao acaso, "comparáveis às moléculas de um gás, que voam de um lado para outro de maneira completamente irregular, tanto que seu próprio caos está começando a ser entronizado como um princípio". Em Potsdam criou uma enorme rede de colaboradores para seguir e registrar — com a máxima precisão possível — o movimento de mais de dois milhões de estrelas. Sua esperança não era só entender sua lógica, mas de alguma maneira decifrar até onde acabariam nos levando. Porque o movimento de dois corpos atados gravitacionalmente pode ser conhecido com exatidão segundo as leis de Newton, mas se torna imprevisível quando se acrescenta um terceiro. Baseado nisso, Schwarzschild acreditava que nosso sistema planetário era instável a um grau máximo a longo prazo. Embora sua ordem atual fosse garantida por um milhão, ou inclusive bilhões de anos, os planetas acabariam escapando de suas órbitas, os gigantes gasosos engoliriam seus vizinhos e a Terra seria expulsa do sistema solar, vagando como um astro solitário até o fim dos tempos, a menos que a forma do espaço não fosse plana. Adiantando-se a Einstein, Schwarzschild considerara a hipótese de que a geometria do universo não fosse uma simples caixa de três dimensões, mas pudesse se torcer e se deformar. Em seu artigo "Sobre a curvatura admissível do Espaço", analisou a possibilidade de que habitássemos um universo semiesférico, o que daria origem a um estranho mundo que se embrulharia sobre si mesmo, como os uróboros: "Então nos veríamos na geometria de uma terra de fadas, uma galeria de espelhos cujas perspectivas horripilantes seriam mais do que a mente civilizada — que aborrece e foge de tudo aquilo que não pode compreender — poderia suportar". Em 1910, descobriu que as estrelas tinham diferentes cores e foi o primeiro a medi-las utilizando uma câmera especial que construiu com a ajuda do zelador do Observatório de Potsdam (o único judeu que trabalhava ali além dele), com quem costumava se embebedar até o amanhecer. Utilizando essa câmera, que era apoiada no cabo da vassoura do zelador, ia tropeçando em círculos, tirando fotos de diversos ângulos, para confirmar a existência das gigantes vermelhas, monstruosas estrelas centenas de vezes maiores do que nosso Sol. Sua favorita — Antares — era de cor rubi. Os árabes a chamavam *Kalb al Akrab*, o Coração do Escorpião; os gregos a consideravam o único rival de Ares. Em abril, Schwarzschild organizou uma expedição a Tenerife para fotografar o retorno do cometa Halley, que sempre havia sido considerado um mau augúrio: no ano 66, o historiador Flávio Josefo o descrevera "como uma estrela similar a uma espada", que vinha avisar sobre a destruição de Jerusalém por parte dos romanos, enquanto em 1222 sua aparição no céu teria inspirado Gengis Khan a invadir a Europa. Schwarzschild estava fascinado pelo fato de que o enorme rastro de sua cauda — que a Terra atravessou nessa ocasião durante seis horas — soprava sempre na direção contrária ao Sol: "Que vento o arrasta com a fúria de um anjo lançado do céu, caindo e caindo e caindo?".

Quando a guerra estourou quatro anos depois, Schwarzschild foi um dos primeiros a se oferecer como voluntário.

Foi designado para o batalhão que sitiou a cidadela milenar de Namur, na Bélgica, para apoiar o bombardeio com o qual os alemães tentavam romper o anel de fortes que a rodeava. Como Schwarzschild fizera seu treinamento em uma estação climatológica, foi posto à frente do ataque; o avanço alemão era impedido por uma neblina que surgia sem aviso, tão espessa que tornava noite o meio-dia, deixando os dois bandos mergulhados na escuridão e incapazes de atacar, por medo de disparar contra seus próprios soldados. "O que há no clima deste país, tão caótico e estranho, que resiste de tal maneira a nosso controle e conhecimento?", escreveu à sua mulher depois de ter trabalhado uma semana tentando encontrar uma forma de anular o efeito da névoa ou ao menos de predizer o momento em que ocorreria. Diante de seu fracasso, seus superiores optaram por fazer as tropas recuarem a uma distância segura e levar a cabo um bombardeio massivo e indiscriminado; dispararam sem poupar munições nem se preocupar com as possíveis baixas civis, utilizando balas de calibre quarenta e dois, lançadas por um gigantesco canhão que as tropas apelidaram de "Berta, a Gorda", até que a cidadela, que resistira de pé desde o Império Romano, não passasse de uma pilha de escombros.

Dali Schwarzschild foi trasladado ao regimento de artilheiros do Quinto Exército, entrincheirado na floresta de Argonne, no front francês. Quando se apresentou aos oficiais no comando, eles lhe ordenaram que calculasse a trajetória de vinte e cinco mil obuses carregados com gás mostarda, que choveram sobre as tropas francesas no meio da noite. "Eles me pedem que os ajude a predizer os ventos e as tempestades, quando somos nós que alentamos o fogo que os aviva. Querem conhecer a trajetória ideal para que nossos projéteis alcancem o inimigo e não veem a elipse que nos arrasta para baixo. Estou cansado de escutar os outros oficiais dizerem que estamos cada vez mais perto da vitória, que o fim desta guerra está a nosso alcance. Não percebem que subimos para cair?"

Mesmo imerso na carnificina da guerra, ele não abandonou suas pesquisas. Levava um caderno de notas embaixo do uniforme, colado ao peito. Quando foi nomeado tenente, aproveitou seus privilégios para que lhe enviassem as últimas publicações de física editadas na Alemanha. Em novembro de 1915, leu as equações da relatividade geral, publicadas no número 49 dos *Annalen der Physik*, e começou a desenvolver a solução que enviaria a Einstein um mês depois. A partir desse momento, sofreu uma mudança que afetou inclusive sua forma de tomar notas. Sua letra se tornou cada vez menor, ficando praticamente ilegível. No seu diário e nas cartas que enviou à esposa, o entusiasmo patriótico dá lugar a amargas queixas sobre a falta de sentido da guerra e seu desprezo crescente pelo corpo de oficiais, que só aumenta à medida que seus cálculos se aproximam da singularidade. Quando a alcançou, já não conseguia pensar em outra coisa: estava tão imerso e distraído que não se protegeu durante um ataque inimigo e um morteiro estourou a metros de sua cabeça, sem que ninguém pudesse entender como se salvara.

Antes do começo do inverno, foi destinado ao front oriental; os soldados com os quais cruzava no caminho lhe contavam rumores de horríveis massacres de civis, violações e deportações massivas. Povoados arrasados no transcurso de uma noite. Cidades sem nenhum valor estratégico que desapareciam do mapa como se nunca tivessem existido. As atrocidades ocorriam sem obedecer a nenhuma lógica militar; em muitas era impossível saber qual dos bandos tinha sido responsável. Quando Schwarzschild viu um grupo de soldados praticando tiro ao alvo contra um cachorro faminto que tiritava à distância, incapaz de se mexer por causa do pânico, algo dentro dele se quebrou. Os desenhos que costumava fazer retratando a rotina diária de seus colegas ou a beleza da paisagem — cada vez mais fria e lúgubre à medida que avançavam — foram substituídos por páginas inteiras cobertas por grossas linhas de carvão e espirais pretas que se perdem para além das bordas do papel. No final de novembro, seu batalhão se somou ao Décimo Exército, nos arredores de Kosava, na Bielorrússia. Karl foi posto no comando de uma pequena brigada de artilheiros. Dali enviou uma carta a Ejnar Hertzsprung, um colega da Universidade de Potsdam, que incluía um rascunho de sua singularidade, uma descrição das bolhas que tinham começado a aparecer na sua pele e uma longa especulação sobre o efeito nocivo que a guerra teria sobre a alma da Alemanha, um país que Karl continuava amando, mas que via suspenso à beira de um abismo: "Alcançamos o ponto mais alto da civilização. Só nos resta cair".

Pênfigo, gengivite ulcerativa necrosante aguda. As bolhas de seu esôfago não lhe permitiam engolir nada sólido. As de sua boca e garganta ardiam como brasas de carvão quando tentava beber água. Karl foi dispensado e desenganado pelos médicos, apesar de continuar trabalhando nas equações da relatividade geral, incapaz de controlar a velocidade de sua mente, que só aumentava à medida que seu corpo era consumido pela doença. No total, publicou cento e doze artigos ao longo da vida, mais do que qualquer outro cientista no século XX. Os últimos foram redigidos sobre folhas dispostas no chão, com os braços pendurados na beira da maca, deitado sobre o estômago e coberto de crostas e úlceras que as bolhas deixavam ao estourar, como se seu corpo tivesse se transformado em um modelo da

Europa em miniatura. Para se distrair da dor, catalogou a forma e a distribuição de suas chagas, a tensão superficial das bolhas e a velocidade média com que estouravam, mas não foi capaz de liberar sua mente do vazio que suas equações tinham aberto.

Preencheu três cadernos com cálculos que tentavam evitar a singularidade, procurando encontrar uma saída ou uma falha no seu raciocínio. No último, Schwarzschild deduziu que qualquer objeto poderia gerar uma singularidade se sua matéria fosse comprimida em um espaço reduzido o suficiente: para o Sol bastavam três quilômetros, para a Terra, oito milímetros, para um corpo humano médio, 0,00000000000000000000001 centímetro.

Dentro do buraco que suas medições prediziam, os parâmetros fundamentais do universo intercambiavam suas propriedades: o espaço fluía como o tempo, o tempo se estendia como o espaço. Essa distorção alterava a lei da causalidade; Karl deduziu que se um viajante hipotético fosse capaz de sobreviver a uma viagem ao interior dessa zona rarefeita, receberia luz e informação do futuro, permitindo-lhe ver eventos que ainda não tinham acontecido. Se pudesse alcançar o centro do abismo sem ser despedaçado pela gravidade, distinguiria duas imagens superpostas, projetadas simultaneamente em um pequeno círculo sobre sua cabeça, como as que se veem ao utilizar um caleidoscópio: em uma perceberia toda a evolução futura do universo a uma velocidade inconcebível, na outra, o passado congelado em um instante.

Mas as estranhezas não se limitavam à zona interior. Em torno da singularidade existia um limite, uma barreira que marcava um ponto de não retorno. Ao atravessar essa linha, qualquer coisa — seja um planeta inteiro ou uma diminuta partícula subatômica — ficaria presa para sempre. Desapareceria do universo como se tivesse caído em um poço sem fundo.

Décadas depois, esse limite foi batizado de *o raio de Schwarzschild*.

Depois de sua morte, Einstein lhe dedicou uma elegia, que leu durante o funeral. "Lutou contra problemas dos quais todos fugiam. Amava descobrir relações entre os múltiplos aspectos da natureza, mas a fonte de sua busca era o gozo, o prazer sentido por um artista, a vertigem do visionário capaz de discernir os fios com os quais se tecem os caminhos do futuro", disse ao pequeno grupo de homens reunidos diante de seu túmulo, sem que nenhum deles suspeitasse até que ponto Schwarzschild tinha sido torturado pela maior de suas descobertas, já que nem sequer Einstein podia entender o que acontece quando as equações se tornam singulares e o infinito aparece como sua única resposta.

O jovem matemático Richard Courant foi a última pessoa a falar diretamente com Schwarzschild e o único que pôde dar fé dos efeitos que a singularidade teve na mente do astrofísico.

Ferido em Rava-Ruska, Courant topou com Schwarzschild no hospital militar. O jovem tinha sido assistente de David Hilbert, um dos matemáticos alemães mais influentes de sua época, de modo que reconheceu Karl de imediato, apesar das feridas que lhe deformavam o rosto. Aproximou-se timidamente, sem entender por que um homem de seu prestígio e estatura intelectual tinha sido destinado a um lugar tão perigoso. No seu diário de vida, Courant descreveu como os olhos do tenente Schwarzschild, nublados pelo campo de batalha, se acenderam de repente assim que ele lhe contou as ideias que Hilbert estava desenvolvendo. Conversaram a noite toda. Próximo do amanhecer, Schwarzschild lhe falou da ruptura que acreditava ter descoberto.

Segundo Karl, o pior da massa concentrada a esse nível não era a forma como alterava o espaço nem os estranhos efeitos que tinha sobre o tempo: o verdadeiro horror — ele disse — é que a singularidade era um ponto cego, fundamentalmente incognoscível. Como a luz não podia sair dali, nunca poderíamos vê-la com os olhos do corpo. Mas também não poderíamos entendê-la com a mente, já que a matemática da relatividade geral perdia sua validez na singularidade. A física simplesmente deixava de fazer sentido.

Courant o escutou absorto. Pouco antes de os enfermeiros virem buscá-lo para colocá-lo no comboio que o levaria de volta a Berlim, Schwarzschild lhe perguntou algo que o atormentou durante o resto de sua vida, embora nesse momento tenha pensado que se tratava apenas de um delírio, o desvario de um soldado moribundo, a loucura que despontava na sua cabeça se aproveitando do cansaço e do desespero.

Se esse tipo de monstros era um estado possível para a matéria, disse-lhe Schwarzschild com a voz trêmula, teria um correlato na mente humana? Uma concentração suficiente de vontades, milhões de seres humanos submetidos a um só propósito, suas mentes comprimidas no mesmo espaço físico, desencadeariam algo parecido com sua singularidade? Schwarzschild não só estava convencido de que era possível, mas de que ocorreria na *Vaterland*. Courant tentou acalmá-lo. Disse-lhe que não via nenhum sinal da tragédia que Schwarzschild temia e que não podia existir algo pior do que a guerra em que estavam. Recordou-lhe que a psique humana era um mistério maior do que qualquer enigma matemático, e que não era sábio projetar ideias da física em âmbitos afastados como a psicologia. Mas Schwarzschild estava inconsolável. Balbuciava sobre um sol negro que despontava no horizonte, capaz de engolir o mundo inteiro, e se lamentava de que já não houvesse nada que pudéssemos fazer. Porque sua singularidade não dava advertências. O ponto de não retorno — o limite para além do qual não se podia ir sem ficar preso — não estava demarcado de nenhuma maneira. Para quem o atravessasse, não haveria esperança, seu destino estaria irrevogavelmente traçado; todas as suas trajetórias possíveis apontariam diretamente para a singularidade. E se esse limite era assim, perguntou-lhe Schwarzschild com os olhos injetados de sangue, como saber se o ultrapassamos?

Courant partiu de volta para a Alemanha. Schwarzschild morreu naquela tarde.

Mais de duas décadas tiveram que passar antes de a comunidade científica aceitar as ideias de Schwarzschild como uma consequência inevitável da teoria da relatividade.

Quem mais lutou para exorcizar o demônio que Karl invocara foi seu amigo Albert Einstein. Em 1939, ele publicou um artigo intitulado "Sobre um sistema estacionário com simetria esférica de muitas massas gravitacionais", que explicava por que não podiam existir singularidades como as de Schwarzschild. "A singularidade não aparece pela simples razão de que a matéria não pode ser concentrada arbitrariamente, já que suas partículas constitutivas alcançariam a velocidade da luz." Com a inteligência que sempre o caracterizara, Einstein apelara para a lógica interna de sua teoria para emendar o rasgo no tecido do espaço-tempo, protegendo o universo de um colapso gravitacional catastrófico.

Mas os cálculos do maior físico do século XX estavam errados.

No dia 1º de setembro de 1939 — no mesmo dia em que os tanques nazistas atravessaram a fronteira da Polônia —, Robert Oppenheimer e Hartland Snyder publicaram um artigo no volume 56 da revista *Physical Review*. Nele, os físicos americanos demonstravam, para além de toda dúvida, que, "quando as fontes de energia termonuclear se esgotarem, uma estrela pesada o suficiente colapsará e, a menos que reduza sua massa por fissão, radiação ou a expulsão de massa, essa concentração continuará de maneira indefinida", formando o buraco negro que Schwarzschild profetizara, *capaz de amassar o espaço como um pedaço de papel e extinguir o tempo como se fosse a luz de uma vela*, sem que nenhuma força física ou natural possa evitá-lo.

O coração do coração

Durante a madrugada do dia 31 de agosto de 2012, o matemático japonês Shinichi Mochizuki publicou quatro artigos em seu blog. Suas mais de quinhentas páginas contêm a prova de uma das conjecturas mais importantes da teoria dos números, conhecida como $a + b = c$.

Até hoje ninguém foi capaz de compreendê-la.

Mochizuki trabalhara em isolamento durante anos, desenvolvendo uma teoria matemática que não se parecia a nada conhecido antes.

Depois de postá-la em seu blog, não fez nenhuma propaganda dela. Não a enviou a publicações especializadas nem a apresentou em congressos. Um dos primeiros a ficar sabendo de sua existência foi Akio Tamagawa, seu colega no Instituto de Pesquisa de Ciências Matemáticas da Universidade de Kyoto, que mandou os artigos para Ivan Fesenko, teórico dos números na Universidade de Nottingham, anexos a um e-mail que continha apenas uma pergunta:

"Mochizuki resolveu $a + b = c$?"

Fesenko mal conseguiu conter a ansiedade enquanto baixava os quatro arquivos pesados em seu computador. Ele passou dez minutos diante do monitor, olhando o avanço da barra de download e depois se trancou durante duas semanas para estudar a prova, pedindo comida em casa e dormindo só quando a exaustão o exigia. Sua resposta a Tamagawa foram três palavras:

"Entender é impossível."

Em dezembro de 2013, um ano depois de Mochizuki publicar seus artigos, alguns dos matemáticos mais proeminentes do mundo se reuniram em Oxford para estudar a prova. O entusiasmo reinou durante os primeiros dias do seminário. Os raciocínios do japonês começavam a se tornar compreensíveis, e na noite do terceiro dia o rumor de que um avanço gigantesco estava a ponto de acontecer começou a correr pela rede, em fóruns e comunidades especializados.

No quarto dia, tudo desabou.

A partir de certo ponto, ninguém era capaz de acompanhar os argumentos do japonês. As melhores mentes matemáticas do planeta estavam perplexas e não havia quem pudesse ajudá-las. Mochizuki tinha se negado a participar do encontro.

O novo ramo das matemáticas que o japonês criara para provar a conjectura era tão bizarro, abstrato e adiantado para o seu tempo que um teórico da Universidade de Wisconsin-Madison disse que ao estudá-lo se sentia lendo um paper vindo do futuro: "Todos os que se aproximaram dessa coisa são pessoas razoáveis, mas assim que começam a analisá-la se tornam incapazes de falar dela". Os poucos que puderam acompanhar o novo sistema de Mochizuki o bastante para entender mesmo que uma parte dizem que se trata de uma série de relações que subjazem aos números, escondidas a olho nu. "Para compreender meu trabalho é necessário que sejam desativados os padrões de pensamento instalados em seus cérebros e tomados como certos durante tantos anos", escreveu Mochizuki em seu blog.

Ele nasceu em Tóquio e desde muito jovem era famoso por sua capacidade de concentração, que seus pares caracterizavam como sobre-humana. Quando criança, sofreu ataques de mudez que foram se intensificando durante a adolescência, até que ouvi-lo passou a ser algo excepcional. Também não conseguia resistir ao olhar dos outros e caminhava com os olhos fixos no chão, hábito que gerou nele uma pequena corcunda, sem deixá-lo menos atraente fisicamente; a testa ampla, os cabelos pretos engomados e os óculos gigantescos o tornavam surpreendentemente parecido com o Clark Kent.

Ele entrou em Princeton quando tinha só dezesseis anos, e aos vinte e três já tinha doutorado. Depois de passar dois anos em Harvard, mudou-se de volta para o Japão, onde aceitou um posto de professor no Instituto de Pesquisa de Ciências Matemáticas da Universidade de Kyoto, com a condição de que lhe permitissem se dedicar exclusivamente à pesquisa, sem ter que dar aulas. No início da década de 2000, deixou de participar de conferências internacionais. Nos anos seguintes, seu raio de ação se tornou cada vez mais estreito. Primeiro se limitou a viajar dentro do Japão, depois não se aventurou para além do município de Kyoto e, por fim, seus deslocamentos se reduziram ao estreito circuito que unia seu apartamento a seu pequeno gabinete na universidade.

Da janela do seu gabinete, tão arrumado como o interior de um templo, dá para ver o monte Daimonji, em cuja encosta, uma vez por ano, os monges queimam uma escultura gigantesca durante o festival Obon, que tem a forma do kanji 大, cuja silhueta é a de um homem com os braços esticados ao máximo. O kanji significa enorme/alto/monumental e expressa uma grandiloquência similar à que Mochizuki empregou para batizar seu novo ramo da matemática, que nomeou, sem a menor modéstia ou ironia, teoria Teichmüller Interuniversal.

A conjectura $a + b = c$ toca os fundamentos da matemática. Ela postula uma profunda e inesperada relação entre as propriedades aditivas e multiplicativas dos números. Sendo certa, ela se tornaria uma ferramenta poderosíssima, capaz de resolver de maneira quase automática uma imensa variedade de enigmas. Mas a ambição de Mochizuki tinha sido ainda maior; ele não se limitou a provar a conjectura, mas criou uma nova geometria que obrigava a pensar nos números de uma forma radicalmente diferente. Segundo Yuichiro Yamashita, um dos poucos que diz ter compreendido o alcance real da teoria Interuniversal, Mochizuki criou um universo completo do qual ele é, por enquanto, o único habitante.

As recusas de Mochizuki a dar entrevistas, a apresentar ele próprio seus resultados ou até mesmo a se referir à sua prova em outro idioma que não o japonês levantaram as primeiras suspeitas. Alguns disseram que tudo não passava de um elaborado engano. Outros, que ele sofria de um desequilíbrio psíquico e, como prova, assinalaram sua crescente fobia social e o isolamento no qual trabalhava.

As coisas pareceram melhorar em 2014, quando Mochizuki anunciou que viajaria para a França em outubro daquele ano para apresentar seu trabalho em um seminário de seis dias na Universidade de Montpellier. As vagas se esgotaram imediatamente e Mochizuki foi recebido pelo reitor da universidade como se fosse da realeza, mas nunca apareceu para dar o seminário. Desapareceu por uma semana sem que ninguém soubesse para onde tinha ido e, no dia anterior ao início das conferências, os guardas o expulsaram do campus depois de um acidente confuso.

Ao voltar ao Japão, Mochizuki retirou a prova do seu blog e ameaçou processar legalmente quem tentasse publicá-la. Sofreu uma onda de ataques por parte de seus críticos mais acérrimos, enquanto seus colegas assumiram que o japonês descobrira uma falha essencial na lógica de sua própria prova. Mochizuki negou, mas não deu explicações. Ele renunciou ao seu posto na Universidade de Kyoto e, antes de fechar seu blog, escreveu uma última entrada, na qual dizia que mesmo na matemática certas coisas deviam permanecer ocultas para sempre, "pelo bem de todos nós". Seu gesto, incompreensível e aparentemente birrento, só confirmou o que muitos temiam: Mochizuki tinha sucumbido à maldição de Grothendieck.

Alexander Grothendieck foi um dos matemáticos mais importantes do século XX. Durante um arranque criativo praticamente sem par na história da ciência, revolucionou a forma de entender o espaço e a geometria, não uma, mas duas vezes. A fama internacional de Mochizuki nasceu em 1996, quando foi capaz de provar uma das conjecturas que Grothendieck apresentara, e aqueles que conheceram o japonês na universidade garantem que ele o considerava seu mestre.

Leitura obrigatória para todos os matemáticos do mundo, Grothendieck liderou uma equipe que produziu milhares de páginas, uma obra colossal e ameaçadora. A maior parte dos estudantes aprende só o necessário para avançar em seus próprios campos, mas mesmo isso pode levar anos. Já Mochizuki começou a ler o primeiro volume das obras completas de Grothendieck durante a graduação e não se deteve até chegar ao último.

Minhyong Kim, colega de quarto de Mochizuki em Princeton, lembra de tê-lo encontrado à meia-noite delirando, depois de dias sem dormir ou comer. Exausto e desidratado, o japonês balbuciava incoerências, com as pupilas dilatadas como as de uma coruja. Falava do "coração do coração", uma estranha entidade que Grothendieck descobrira no centro da matemática e que o enlouquecera completamente. Na manhã seguinte, quando Kim lhe pediu explicações, Mochizuki olhou para ele sem entender. Não tinha lembrança nenhuma da noite anterior.

Entre 1958 e 1973, Alexander Grothendieck reinou sobre as matemáticas como um príncipe ilustrado, atraindo para sua órbita as melhores mentes de sua geração, que postergaram suas próprias pesquisas para participar de um projeto tão ambicioso quanto radical: desvelar as estruturas que subjazem a todos os objetos matemáticos.

Sua maneira de enfrentar o trabalho era excepcional. Embora fosse capaz de resolver três das quatro conjecturas de Weil, os maiores enigmas matemáticos de sua época, Grothendieck não era atraído pelos problemas difíceis nem lhe interessavam os resultados finais. Seu afã era alcançar uma compreensão absoluta dos fundamentos, de modo que construía arquiteturas teóricas complexas em torno das interrogações mais simples, rodeando-as de um exército de novos conceitos. Sob a suave e paciente pressão da razão de Grothendieck, as soluções pareciam brotar por si mesmas, revelando-se por vontade própria, "como uma noz que se abre depois de permanecer submersa na água durante meses".

O que lhe interessava era a generalização, o *zoom out* levado ao paroxismo. Qualquer dilema se tornava simples se olhado a uma distância suficiente. Não estava interessado nos números, nas curvas, nas retas, nem em qualquer outro objeto matemático em particular: a única coisa que importava era *a relação entre eles*. "Tinha uma sensibilidade extraordinária para a harmonia das coisas", lembra um de seus discípulos, Luc Illusie. "Ele não apenas introduziu novas técnicas e provou grandes teoremas: ele mudou a forma como pensamos a matemática."

Sua obsessão foi o espaço e uma de suas maiores genialidades foi expandir a noção do ponto. Diante do olhar de Grothendieck, o humilde ponto deixou de ser uma posição sem dimensões para borbulhar com complexas estruturas internas. Onde outros viam algo sem profundidade, tamanho, largura ou comprimento, Alexander viu um universo inteiro. Desde Euclides, não se propunha algo tão audaz.

Durante anos, doze horas por dia, sete dias por semana, dedicou toda a sua energia à matemática. Não lia jornais, não via televisão, nem conhecia o cinema. Gostava das mulheres feias, dos apartamentos detonados, dos quartos decrépitos. Trabalhava fechado em um escritório frio com as paredes descascadas, de costas para a única janela, com apenas quatro objetos no cômodo inteiro: a máscara mortuária de sua mãe, uma pequena escultura de uma cabra feita com arame, uma urna cheia de azeitonas espanholas e um retrato de seu pai, desenhado no campo de concentração de Le Vernet.

Alexandr Schapiro, Alexandr Tanaroff, Sasha, Piotr, Sergei. Ninguém conhecia o nome verdadeiro de seu pai, já que ele usou vários codinomes ao participar dos movimentos anarquistas que sacudiram a Europa no início do século. Ucraniano de origem chassídica, aos quinze anos foi preso na Rússia pelas forças tsaristas junto com seus camaradas e sentenciado à morte. Foi o único deles que sobreviveu. Durante três semanas o arrastaram de sua cela ao patíbulo, onde viu como seus companheiros eram fuzilados, um após o outro. Recebeu o perdão devido à sua idade e foi condenado a passar a vida na prisão. Foi liberado dez anos mais tarde, durante a Revolução Russa de 1917, e mergulhou de cabeça em movimentos clandestinos, conjuras secretas e facções revolucionárias que lhe custaram o braço esquerdo, não se sabe se em um assassinato frustrado, em uma tentativa de suicídio ou se uma bomba explodiu em suas mãos antes da hora. Ganhou a vida como fotógrafo de rua. Em Berlim, conheceu a mãe de Alexander e juntos se mudaram para Paris. Em 1939, foi preso pelo governo de Vichy e internado em Le Vernet. Deportado para a Alemanha em 1942, morreu envenenado com Zyklon B em uma das câmaras de gás de Auschwitz.

Alexander herdou seu sobrenome da mãe, Johanna Grothendieck, uma mulher que escreveu a vida toda, embora nunca tenha podido publicar seus romances e poemas. Quando conheceu o pai de Alexander era casada e trabalhava como jornalista em um jornal de esquerda. Abandonou o marido e se uniu à luta revolucionária com o novo amante. Quando Alexander tinha cinco anos, sua mãe o deixou aos cuidados de um pastor protestante para viajar para a Espanha e lutar pela causa anarquista na Segunda República, e em seguida contra as forças de Franco. Depois da derrota das tropas republicanas, refugiou-se na França com o marido e dali mandou buscar o filho. Johanna e Alexander foram declarados "indesejáveis" pelo governo francês e trasladados, junto com "homens estrangeiros suspeitos" que faziam parte das Brigadas Internacionais e refugiados que fugiam da Guerra Civil Espanhola, ao campo de Rieucros, perto de Mende, onde Johanna contraiu tuberculose. Quando a guerra terminou, Alexander já tinha dezessete anos. Sobreviveu com a mãe na extrema pobreza, colhendo uvas nos arredores de Montpellier, cidade onde começou seus estudos superiores. A relação entre mãe e filho foi próxima e doentia. Johanna morreu de uma recaída da tuberculose em 1957.

Quando Grothendieck ainda era estudante de graduação na Universidade de Montpellier, seu professor Laurent Schwartz passou para ele um artigo que publicara havia pouco e que incluía catorze grandes problemas não resolvidos. Sua ideia era que Alexander escolhesse um deles para sua tese de doutorado. O jovem, que se entediava enormemente nas aulas e era incapaz de seguir instruções, voltou três meses depois. Schwartz lhe perguntou qual havia escolhido e quanto conseguira avançar. Ele tinha solucionado todos.

Embora seu talento tenha chamado a atenção daqueles que o conheceram, ele teve muita dificuldade para encontrar trabalho na França; devido aos constantes deslocamentos de seus pais, Alexander carecia de nacionalidade. Apátrida, seu único documento de identidade era seu passaporte de Nansen, que o denunciava como um refugiado sem Estado.

Era fisicamente imponente, alto, magro e musculoso, com o queixo quadrado, ombros largos e um nariz grande. Os cantos dos lábios grossos se curvavam para cima, dando-lhe uma expressão maliciosa, como se soubesse de um segredo que os outros não suspeitavam. Quando começou a perder o cabelo, raspou a cabeça completamente. Nas fotos parece o irmão gêmeo de Michel Foucault.

Grande boxeador, fanático por Bach e pelos últimos quartetos de Beethoven, amava a natureza e venerava a oliveira, "modesta e longeva, cheia de sol e de vida". Mas sobre todas as coisas deste mundo, incluindo a matemática, sentia uma verdadeira devoção pela escrita, a ponto de ser incapaz de pensar se não fosse através dela. Escrevia com tanto fervor que em alguns de seus manuscritos o lápis atravessou por completo o papel. Quando fazia cálculos, traçava as equações em seus cadernos e depois passava por cima várias vezes, engrossando cada símbolo até torná-lo ininteligível, só pelo prazer físico que lhe dava sentir o grafite arranhando o papel.

Em 1958, o milionário francês Léon Motchane construiu o Instituto de Estudos Científicos Avançados nos arredores de Paris como um terno feito à medida da ambição de Grothendieck. Ali, e com apenas trinta anos, Alexander anunciou um programa de trabalho para refundar as bases da geometria e unificar todos os ramos da matemática. Uma geração inteira de professores e estudantes se subjugou ao sonho de Alexander, que predicava em voz alta enquanto eles tomavam notas, expandiam seus argumentos, escreviam rascunhos e os corrigiam no dia seguinte. O mais devoto de todos eles, Jean Dieudonné, acordava quando o sol ainda não havia nascido para arrumar as anotações da jornada anterior antes de Grothendieck irromper na sala às oito em ponto, na metade de uma discussão consigo mesmo que podia ter começado no corredor.

O seminário produziu vários volumes que somam mais de vinte mil páginas e conseguem unir a geometria, a teoria dos números, a topologia e a análise complexa.

A unificação da matemática é um sonho que só as mentes mais ambiciosas perseguiram. Descartes foi um dos primeiros a demonstrar que as formas geométricas podem ser descritas por equações. Quando escrevemos $x^2 + y^2 = 1$ estamos descrevendo um círculo perfeito. Cada solução possível dessa equação geral representa um círculo desenhado sobre um plano. Porém, se consideramos não só os números reais e o plano cartesiano, mas também os espaços bizarros dos números complexos, aparece uma série de círculos de tamanhos diversos que se mexem como algo vivo, crescendo e evoluindo no tempo. Parte do gênio de Grothendieck foi reconhecer que havia uma entidade maior que se escondia por trás de qualquer equação algébrica. Ele batizou esse algo de *esquema*. Esses esquemas gerais davam vida às soluções individuais, que não passavam de sombras e projeções ilusórias que brotavam como "os contornos de uma crosta rochosa iluminados de noite pela luz giratória de um farol".

Alexander era capaz de criar um universo matemático inteiro apenas para uma equação. Seus tópos, por exemplo, eram espaços infinitos que desafiavam os limites da imaginação e que Grothendieck comparava com "o leito de um rio tão vasto e profundo que todos os cavalos do rei poderiam beber junto dele". Pensar neles exigia uma forma diferente de conceber o espaço, como ocorrera cinquenta anos antes com as ideias de Albert Einstein.

Ele adorava escolher *le mot juste* para os conceitos que descobria, como uma forma de amansá-los e torná-los familiares antes de que fossem compreendidos em sua totalidade. Suas *étales*, por exemplo, evocam as ondas tranquilas e dóceis da maré baixa, o mar como um espelho imóvel, a superfície de uma asa esticada ao máximo ou os lençóis com os quais se cobre um recém-nascido.

Ele era capaz de dormir à vontade, a quantidade de horas que quisesse, mas depois dedicar toda sua energia ao trabalho. Podia começar a desenvolver uma ideia pela manhã e não se mexer de sua escrivaninha até a madrugada do dia seguinte, forçando a vista sob a luz de uma velha lâmpada de querosene. "Era fascinante trabalhar com um gênio", lembra seu amigo Yves Ladegaillerie. "Não gosto dessa palavra, mas para Grothendieck não há outra. Era fascinante, mas também assustador, porque esse homem não era parecido com os outros seres humanos."

Sua capacidade de abstração não conhecia limites. Podia dar saltos insuspeitados a categorias superiores e trabalhar em ordens de magnitude que ninguém antes se atrevera a explorar. Formulava seus problemas remexendo uma camada depois da outra, simplificando e abstraindo até que parecia não sobrar nada, para logo encontrar, nesse vazio aparente, as estruturas que vinha procurando.

"Minha primeira impressão ao vê-lo dar uma conferência foi de que ele tinha sido transportado para o nosso planeta de uma civilização alienígena de algum sistema solar longínquo, para acelerar nossa evolução intelectual", disse dele um professor da Universidade da Califórnia em Santa Cruz. No entanto, e apesar de sua radicalidade, as paisagens matemáticas que Grothendieck descobria em seus exercícios de abstração não pareciam artificiais. Aos olhos de um matemático se revelavam como um entorno natural, já que Alexander não impunha sua vontade sobre as coisas, mas deixava que crescessem por si mesmas, e o resultado era de uma beleza orgânica, como se cada ideia tivesse brotado e crescido fruto de seu próprio impulso.

Em 1966 lhe foi concedida a Medalha Fields, conhecida como o Nobel da matemática, mas ele se negou a viajar a Moscou para recebê-la, como protesto pela prisão dos escritores Yuli Daniel e Andréi Siniavski.

Durante duas décadas seu domínio foi tão arrasador que René Thom, outro brilhante vencedor da Fields, reconheceu ter abandonado a matemática por se sentir "oprimido" pela esmagadora superioridade de Grothendieck. Abatido e frustrado, Thom desenvolveu uma teoria sobre as catástrofes que descreve as sete maneiras como um sistema dinâmico qualquer — seja um rio, uma falha tectônica ou a mente de um ser humano — pode perder o equilíbrio e colapsar subitamente, caindo na desordem e no caos.

"O que me estimula não é a ambição nem o afã de poder. É a percepção aguda de algo grande, muito real e muito delicado ao mesmo tempo." Grothendieck continuou empurrando a abstração para limites cada vez mais extremos. Assim que conquistava um território, já se preparava para expandir suas fronteiras. O auge de suas pesquisas foi o conceito de *motivo*: um feixe de luz capaz de alumbrar todas as encarnações possíveis de um objeto matemático. "O coração do coração" foi como ele chamou essa entidade situada no epicentro do universo matemático, do qual conhecemos apenas seus lampejos mais distantes.

Até seus colaboradores mais próximos consideraram que ele tinha ido longe demais. Grothendieck queria capturar o sol em uma mão, desenterrar a raiz secreta capaz de unir inúmeras teorias sem nenhuma relação aparente. Disseram a ele que era um projeto impossível, mais parecido com os delírios de um megalomaníaco do que com um programa de pesquisa científica. Alexander não escutou. De tanto se aprofundar nos fundamentos, sua mente tropeçara no abismo.

Em 1967, viajou durante dois meses pela Romênia, pela Argélia e pelo Vietnã para dar uma série de seminários. Um dos colégios onde ensinou em seguida foi bombardeado por tropas norte-americanas; dois professores e dezenas de alunos morreram. Ao voltar para a França, não era mais o mesmo. Influenciado pelo movimento de 1968 que rugia a seu redor, em uma aula magistral na Universidade de Paris em Orsay convocou mais de cem alunos a renunciar à "prática vil e perigosa" da matemática, à luz das ameaças que a humanidade enfrentava. Não eram os políticos que acabariam com o planeta, disse-lhes, mas os cientistas como eles, que "andavam como sonâmbulos em direção ao Apocalipse".

A partir desse dia, negou-se a participar de qualquer congresso se não lhe permitissem dedicar uma quantidade equivalente de tempo à ecologia e ao pacifismo. Em suas conferências, dava de presente maçãs e figos cultivados em seu jardim e advertia sobre o poder destrutivo das ciências: "os átomos que despedaçaram Hiroshima e Nagasaki não foram separados pelos dedos gordurosos de um general, mas por um grupo de físicos armados com um punhado de equações". Grothendieck não podia deixar de questionar seu efeito sobre o mundo. Que novos horrores nasceriam de uma compreensão total como a que ele procurava? O que faria o homem se fosse capaz de tocar o coração do coração?

Em 1970, no ponto mais alto de sua fama, criatividade e influência, pediu demissão do Instituto de Estudos Científicos

Avançados quando ficou sabendo que recebia fundos do Ministério da Defesa francês.

Nas décadas seguintes, abandonou a família, renegou os amigos, repudiou os colegas e fugiu do resto do mundo.

"A grande virada" — assim Grothendieck chamou a mudança que alterou a direção da sua vida aos quarenta e dois anos. De repente, ele se viu possuído pelo espírito de sua época: ficou obcecado por ecologia, pelo complexo militar-industrial e pela proliferação das armas nucleares. Para desespero de sua mulher, fundou uma comuna na sua casa, na qual conviveram vagabundos, professores universitários, hippies, pacifistas, revolucionários, ladrões, monges e putas.

Tornou-se intolerante com todas as comodidades da vida burguesa; arrancou os tapetes do chão de sua casa por considerá-los enfeites supérfluos e começou a fabricar a própria roupa, improvisando sandálias com pneus reciclados e costurando calças com bolsas velhas de juta. Deixou de usar a sua cama: dormia sobre uma porta que arrancou das dobradiças. Só se sentia à vontade entre os pobres, os jovens e os marginais. Os sem Estado, os sem país.

Era generoso com suas posses, dando-as de presente com indiferença. Era generoso também com as posses alheias. Um dia um de seus amigos, o chileno Cristián Mallol, chegou a sua própria casa depois de sair para jantar com a esposa e encontrou a porta de entrada aberta, as janelas escancaradas, a chaminé ardendo e a calefação no máximo. Grothendieck estava dormindo nu dentro da banheira. Dois meses depois, Mallol recebeu um cheque de três mil francos da parte de Alexander, para compensar os gastos.

Embora costumasse ser amável e carinhoso, podia sofrer ataques repentinos de violência. Durante uma manifestação pacifista em Avignon, correu até o cordão de isolamento e nocauteou dois policiais que tentavam impedir o avanço dos manifestantes, antes de ser espancado por uma dezena de oficiais e arrastado inconsciente até a delegacia. Em casa, sua mulher o ouvia se enredar em longos monólogos em alemão, que degeneravam em gritos que chegavam a sacudir as janelas, seguidos de episódios de mutismo que podiam durar dias e dias.

"Fazer matemática é como fazer amor", escreveu Grothendieck, cuja pulsão sexual rivalizava com seus interesses espirituais. Ao longo da vida, seduziu homens e mulheres, teve três filhos com a esposa, Mireille Dufour, e mais dois fora do casamento.

Fundou o grupo Sobreviver e Viver, ao qual dedicou todo seu dinheiro e energia. Editava uma revista com um grupo de amigos (embora a escrevesse praticamente sozinho) para promulgar suas ideias sobre autossubsistência e o cuidado com o meio ambiente. Tentou envolver os que o seguiram cegamente em seu projeto matemático, mas nenhum parecia compartilhar sua urgência nem tolerar seu extremismo, agora que o objeto de sua obsessão não eram os enigmas abstratos dos números, mas o devir concreto da sociedade, problemas que Grothendieck enfrentava com um nível de inocência que beirava a imbecilidade.

Estava convencido de que o meio ambiente tinha uma consciência própria que ele fora chamado a proteger; recolhia até os minúsculos brotos que cresciam nas fendas do cimento das calçadas para replantá-los e cuidar deles dentro de casa.

Começou a fazer jejum uma vez por semana, depois duas, até que a mortificação do seu corpo se tornou um hábito, tanto que chegou a ser indiferente à dor física: durante uma viagem ao Canadá se recusou a usar sapatos e andava na neve de sandálias, como um profeta espalhando a boa-nova pelo deserto congelado. Quando teve um acidente de moto, recusou a anestesia e só aceitou agulhas de acupuntura durante a operação à qual tiveram que submetê-lo. Esse tipo de comportamento alimentava rumores que seus críticos espalhavam para desacreditá-lo (e para se defenderem dos ataques cada vez mais virulentos que Grothendieck lançava contra eles); o mais escandaloso deles contava que o matemático cagava em um balde em seu afã para reduzir seu impacto sobre o planeta, caminhando em seguida pelas granjas próximas a sua casa para espalhar os excrementos como fertilizante.

Em 1973, a comuna que fundara na sua casa como um lugar aberto a todos degenerou na anomia total. Primeiro a polícia chegou para prender dois monges japoneses da Ordem do Maravilhoso Sutra do Lótus que estavam com o visto expirado, e Grothendieck foi acusado de alojar imigrantes ilegais. Nessa mesma semana, uma moça com a qual Alexander costumava passar as noites tentou se enforcar com as cortinas do quarto. Ao voltar com ela do hospital, Grothendieck se deparou com os membros da comuna dançando em volta de uma enorme fogueira que tinham acendido no meio do pátio, que alimentavam com páginas de seus manuscritos. Alexander dispersou a comunidade e se retirou para Villecun, um vilarejo de apenas doze casas.

Em Villecun viveu sem eletricidade nem água potável em uma cabana infestada de pulgas, mas foi feliz como nunca tinha sido. Para se locomover, comprou um velho carro fúnebre, e quando o motor falhou conseguiu um carro ainda mais decrépito, com a placa inferior tão cheia de buracos que dava para ver o caminho através deles, e Grothendieck o dirigia à máxima velocidade, sem carteira de motorista ou documentos.

Durante cinco anos viveu dedicado a labores manuais, sem grandes projetos, quase completamente isolado. Seus filhos não o visitavam, não tinha amantes e ignorava todos os vizinhos, a não ser uma menina de doze anos que ele ajudava com as lições de aritmética. Quando esgotou sua poupança, começou a ensinar matemática na Universidade de Montpellier para cobrir os gastos de sua vida espartana. Seus alunos de graduação não tinham como imaginar que o homem que os recebia vestido como um vagabundo e que podiam encontrar dormindo no chão da sala se chegassem cedo demais era uma lenda viva.

Em Villecun, focou seus enormes poderes de análise na sua própria mente. O resultado foi uma mudança ainda mais radical do que aquela que o afastou da pesquisa matemática e que anos depois ele procurou cifrar em uma críptica lista que traça as pistas de seu caminho espiritual, cada vez mais afastado do senso comum.

> *maio 1933: vontade de morrer*
> *27-30 dezembro 1933: nascimento do lobo*
> *verão (?) 1936: o coveiro*
> *março 1944: existência de Deus criador*
> *jun.-dez. 1957: chamado e traição*
> *1970: o despojo — entrada na missão*

1-7 abr. 1974: momento da verdade, entrada no caminho espiritual
7 abr. 1974: encontro com Nihonzan Myohoji, entrada do divino
jul.-ago. 1974: insuficiência da Lei. Deixo o Universo paternal
jun.-jul. 1976: o despertar do Ying
15-16 nov. 1976: colapso da imagem, descoberta da meditação
18 nov. 1976: reencontro com minha alma, entrada do Sonhador
agosto 1979-fevereiro 1980: chego a conhecer meus pais (a impostura)
março 1980: descoberta do lobo
agosto 1982: encontro com o Sonhador — recuperação da infância
fev. 1983-jan. 1984: o novo estilo (atrás da pista dos campos)
fev. 1984-maio 1986: Colheitas e semeaduras
25 dez. 1986: o "sacrifício" da ReS
*NB 25.12.1986: primeiros sonhos erótico-místicos
28 dez. 1986: morte e renascimento
1-2 jan. 1987: "arrebatamento" místico-erótico
27 dez. 1986-21 de mar. 1987: sonhos metafísicos, inteligência
dos sonhos
8.1, 24.1, 26.2, 15.3 (1987): sonhos proféticos
28.3.1987: Nostalgia de Deus
30.4.1987 — ... A chave dos sonhos

Entre 1983 e 1986, escreveu *Colheitas e semeaduras: Reflexões e testemunhos do passado de um matemático*, uma obra estranhíssima que ninguém na França se atreveu a publicar. Em seus milhares de páginas, repletas do que um colega descreveu como "fantasmagoria matemática", Grothendieck mergulha na sua própria psique em uma tentativa de entender o todo, deixando exposto um intelecto vasto e aterrorizador, precariamente equilibrado entre a iluminação e a paranoia, cada vez mais espoliado.

As ideias de *Colheitas e semeaduras* giram em círculos. Seu autor volta com insistência para os mesmos argumentos, aspirando à precisão total. Ele examina o que acabou de escrever para rejeitá-lo ou afirmá-lo de novo com ainda mais força, tentando fixar as palavras em uma forma definitiva, à qual elas resistem. Em uma mesma página, há bruscos saltos de perspectiva, tema e tonalidade, produto de uma mente que luta contra os limites do sentido e quer observar tudo de uma vez: "Um ponto de vista é limitado em si mesmo. Ele nos entrega uma visão singular da paisagem. Apenas quando se combinam olhares complementares sobre a mesma realidade podemos ter um acesso mais complexo ao saber das coisas. Quanto mais complexo for o que queremos apreender, mais importante é ter diferentes pares de olhos, para que esses feixes de luz convirjam e possamos ver o Um através do múltiplo. Essa é a natureza de uma verdadeira visão: une os pontos de vista já conhecidos e mostra outros que eram ignorados até então, permitindo que entendamos que todos são, de fato, parte da mesma coisa".

Vivia como um ermitão, lendo, meditando e escrevendo. Em 1988, esteve a ponto de morrer de inanição. Tinha se identificado por completo com a mística francesa Marthe Robin, que sofreu os estigmas de Cristo e sobreviveu cinco décadas comendo nada além da hóstia da Eucaristia. Grothendieck tentou superar os quarenta dias de jejum de Cristo no deserto e por meses se alimentou com sopa de dentes-de-leão que recolhia do seu jardim e dos arredores da sua casa. Seus vizinhos, acostumados a vê-lo atarefado recolhendo flores, o salvaram da morte ao visitá-lo com tortas e pratos caseiros: não iam embora até que ele se resignasse a comer.

Ele chegou a acreditar que os sonhos não eram próprios do ser humano, mas provinham de uma entidade externa — a quem chamava *Le Rêveur* —, que os enviava para que pudéssemos reconhecer nossa verdadeira identidade. Fez um registro de suas noites por mais de duas décadas — "A chave dos sonhos" —, que lhe permitiu compreender a natureza do sonhador: *Le rêveur n'est autre que Dieu.*

Em julho de 1991, tentou cortar todos os laços com o mundo. Incinerou vinte e cinco mil páginas de escritos pessoais, queimou o retrato de seu pai e deu de presente a máscara mortuária de sua mãe. Entregou suas últimas pesquisas — as anotações de sua tentativa fracassada de iluminar o *motivo*, aquele objeto obscuro que palpitava como um coração no fundo da matemática — a seu amigo Jean Malgoire, para que as doasse a sua alma mater, a Universidade de Montpellier. A partir de então começou uma fuga que duraria o resto de sua vida, mudando-se de um pequeno povoado para o seguinte, evitando jornalistas e estudantes que o procuravam e devolvendo as cartas que sua família e os amigos lhe enviavam, sem sequer abri-las.

Durante mais de uma década ninguém soube onde estava. Disseram que havia morrido, que perdera a cabeça, que adentrara as profundezas de um bosque para que ninguém pudesse encontrar seus restos.

Depois de vagabundear pelo sul da França sem lar fixo, refugiou-se no pequeno vilarejo de Lasserre, em Ariège, sob a sombra dos Pirineus, a menos de uma hora de distância do campo de concentração onde seu pai passara os últimos dias de sua vida, antes de ser enviado para morrer nas câmaras de gás dos nazistas. Quando criança, Grothendieck fugira descalço de

Rieucros, o campo onde estava internado junto com a mãe, no meio da noite, com a firme determinação de andar até Berlim para assassinar Hitler com as próprias mãos. Os guardas o encontraram cinco dias depois, inconsciente e a um passo da morte, tiritando dentro do tronco de uma árvore oca.

Durante as noites, tocava piano. Seus vizinhos de Lasserre — que sabiam que ele não tolerava visitas — se surpreendiam ao ouvir lindas polifonias, como se em seu retiro Grothendieck tivesse aprendido o canto mongol e pudesse entoar múltiplas notas de forma simultânea. Alexander o explica em seus diários: ao anoitecer ele é visitado por uma mulher de duas caras. Ele chama seu lado amável de Flora e seu lado demoníaco de Lucífera. Juntos cantam para obrigar Deus a se manifestar, mas "ele é silencioso e quando fala o faz tão baixo que ninguém é capaz de compreendê-lo".

Em 2001, esses mesmos vizinhos viram fumaça e chamas brotando de sua casa. Segundo Alain Bari, prefeito de Lasserre, Grothendieck fez o possível para impedir que os bombeiros interviessem: rogava-lhes que a deixassem arder.

Em 2010, seu amigo Luc Illusie recebeu uma carta de Alexander que continha sua "Declaração de não publicação". Nela, Grothendieck proíbe qualquer venda futura de sua obra e exige que todos os seus textos sejam retirados de bibliotecas e universidades. Ele ameaça qualquer um que buscar vender, imprimir ou disseminar seus textos, inéditos ou não. Ele quer desfazer sua influência, diluir-se no silêncio, apagar até seu rastro. "Façam com que tudo desapareça de uma vez!"

A matemática norte-americana Leila Schneps foi uma das poucas pessoas com quem ele teve contato em seus últimos anos. Ela o procurou durante meses, percorrendo todas as cidades onde suspeitava que ele morara, com uma foto antiga de Alexander na mão e perguntando às pessoas se o tinham visto, sem saber até que ponto ele mudara fisicamente. Cansada de andar, passou vários dias sentada em um banco diante do único mercado de orgânicos da região, com a esperança de que Grothendieck aparecesse, até que viu um ancião que comprava vagem apoiado em uma bengala, vestido com o hábito de um monge. Sua cabeça estava coberta com o capuz e seu rosto, escondido atrás de uma barba branca tão longa como a de um mago, mas ela reconheceu seus olhos.

Aproximou-se com cautela, imaginando que o recluso sairia correndo ao vê-la. Ela se surpreendeu com a amabilidade com que Alexander a recebeu, embora ele tenha esclarecido imediatamente que não desejava que ninguém mais o encontrasse. Mal contendo a emoção, ela disse que uma das conjecturas mais importantes apresentadas por ele na sua juventude enfim tinha sido provada. Grothendieck apenas sorriu. Disse que perdera todo interesse pela matemática.

Eles passaram a tarde juntos. Schneps lhe perguntou por que tinha se isolado dessa maneira. Alexander disse que não odiava os seres humanos e que também não tinha dado as costas ao mundo. Seu retiro não era uma fuga nem uma rejeição; pelo contrário, tinha feito isso para protegê-los. Não queria que ninguém sofresse com o que encontrara, apesar de se negar a explicar ao que se referia quando falava de *"l'ombre d'une nouvelle horreur"*.

Durante alguns meses trocaram cartas. Schneps estava muito interessada em conhecer as ideias que ele desenvolvera na física, já que havia rumores de que era nisso que trabalhara por último, antes de pedir demissão. Grothendieck respondeu que lhe diria tudo se ela fosse capaz de responder a apenas uma pergunta: o que é um metro?

Schneps demorou mais de um mês para responder e acabou escrevendo cinquenta páginas, mas Grothendieck devolveu a carta sem abrir, assim como todas as seguintes.

No final da vida, seu ponto de vista se distanciara tanto que só podia ver a totalidade. De sua personalidade só restavam farrapos, fios cortados por anos de meditação contínua. "Tenho o sentimento irrecusável e talvez blasfemo de conhecer Deus mais intimamente do que qualquer outro ser deste mundo, embora Ele seja um mistério incognoscível, infinitamente mais vasto do que todo ser de carne já criado."

Morreu no hospital de Saint-Girons, numa quinta-feira, em 13 de novembro de 2014. A causa de sua morte é desconhecida. Ele pediu que fosse mantida em segredo.

O único testemunho de seus últimos dias foi dado pela enfermeira que cuidou dele no hospital. Segundo ela, Grothendieck se negou a ver a família e só recebeu uma pessoa, um japonês alto e tímido que não teve coragem de entrar no quarto até que ela o convidasse.

O homem, que a enfermeira lembra como bonito, mas ligeiramente encurvado, passou cinco dias sentado na beirada da cama durante as horas de visitação, inclinado em uma postura muito incômoda para pôr o ouvido o mais perto possível da boca do doente, enquanto preenchia um caderno com anotações. Ele acompanhou Alexander até o último momento, sempre em silêncio, e permaneceu junto ao cadáver até que vieram para levá-lo ao necrotério.

O mesmo homem, ou alguém muito similar, foi detido por guardas da Universidade de Montpellier dois dias depois. Tinha sido encontrado de joelhos na frente da porta do quarto onde estavam guardados os papéis que Grothendieck legara à universidade, sob a condição de que ninguém abrisse as quatro caixas de papéis amassados e equações escritas até em guardanapos que Alexander desestimara dizendo que "não passavam de garranchos".

Os guardas acharam um pacote de fósforos na mão do homem e um frasquinho de fluido de isqueiro em sua bolsa, mas não chamaram a polícia. Limitaram-se a expulsá-lo do campus, pensando que se tratava de um louco que sofria de algum tipo de retardo, já que ele não tirava os olhos do chão e insistia sem parar — embora sempre bem baixinho — que o deixassem ir embora, pois nessa tarde ele tinha que dar um importante seminário na faculdade de matemática.

Quando deixamos de entender o mundo

*Quanto mais penso na parte física
da equação de Schrödinger, mais me
parece nojenta. De fato, é uma merda!*

Carta de Werner Heisenberg
a Wolfgang Pauli

Prefácio

Em julho de 1926, o físico austríaco Erwin Schrödinger viajou até Munique para apresentar uma das equações mais lindas e estranhas que surgiram da mente do ser humano.

Ele tinha se transformado em uma estrela internacional da noite para o dia, ao encontrar uma maneira simples de descrever o que acontecia no interior dos átomos. Usando fórmulas similares às que tinham sido empregadas durante séculos para predizer o movimento das ondas de água, Schrödinger conseguira algo aparentemente impossível: pôr ordem ao caos do mundo quântico, iluminando as órbitas dos elétrons em torno do núcleo com uma equação tão poderosa, elegante e bizarra que os mais entusiastas não duvidaram em chamá-la de "transcendental".

Mas sua maior atração não era sua beleza, nem a enorme quantidade de fenômenos naturais que podia explicar; o que seduziu toda a comunidade científica foi que ela permitia visualizar o que estava ocorrendo na menor escala da realidade. Para aqueles que tinham fixado a meta de esquadrinhar a matéria até seus fundamentos, a equação de Schrödinger foi um fogo prometeico capaz de dissipar a escuridão impenetrável do reino subatômico, revelando um mundo que até então permanecera atrás de um véu de mistério.

A teoria de Schrödinger parecia confirmar que as partículas elementares tinham um comportamento similar ao das ondas. Se realmente possuíam essa natureza, obedeceriam a leis conhecidas e compreensíveis, leis que todos os físicos do planeta poderiam aceitar.

Todos a não ser um.

Werner Karl Heisenberg tivera que pedir dinheiro emprestado para assistir ao seminário de Schrödinger em Munique e, depois de comprar as passagens de trem, sobrou apenas o suficiente para cobrir seus gastos de hospedagem em uma pensão de estudantes encardida. Mas Heisenberg não era um qualquer. Com apenas vinte e três anos, já era considerado um gênio: tinha sido o primeiro a formular uma série de regras que explicavam o mesmo que Schrödinger, mas seis meses antes que o austríaco.

Ambas as teorias não podiam ser mais opostas: enquanto a Schrödinger bastara uma equação para descrever quase toda a química e a física modernas, as ideias e fórmulas de Heisenberg eram excepcionalmente abstratas, filosoficamente revolucionárias e tão endiabradamente complexas que só um punhado de físicos sabia utilizá-las. E inclusive a eles geravam dores de cabeça.

Na sala de conferências de Munique não restava nenhuma cadeira desocupada. Heisenberg teve que escutar a apresentação de Schrödinger sentado no corredor, roendo as unhas. Não conseguiu aguentar até o final. Na metade do discurso de Schrödinger, ficou de pé com um pulo e avançou até o quadro diante do olhar atônito de todos os presentes, gritando que os elétrons não eram ondas e que o mundo subatômico não podia ser visualizado. "É muito mais estranho do que vocês podem imaginar!" Ele foi vaiado por uma centena de pessoas, com tanta veemência que Schrödinger teve que pedir que o deixassem falar. Mas ninguém quis escutar o jovem que lhes exigia esquecer qualquer imagem mental que tivessem do átomo. Ninguém estava disposto a olhar as coisas da maneira como Heisenberg dizia. Quando começou a encher o quadro com suas objeções à teoria de Schrödinger, foi tirado da sala a empurrões. Por que tinham que abandonar o senso comum para alcançar a escala mais diminuta da matéria? Certamente, o jovem só sentia inveja. E era compreensível. Afinal de contas, as ideias de Schrödinger tinham eclipsado completamente sua própria descoberta, negando-lhe seu lugar na história.

Mas Heisenberg sabia que todos estavam enganados. Os elétrons não eram ondas, mas partículas. O mundo subatômico não se parecia a nada que conheciam. Isso ele sabia com absoluta certeza, com uma convicção tão profunda que ainda não era capaz de expressá-la em palavras. Porque algo tinha sido revelado a ele. Algo que desafiava qualquer explicação. Heisenberg percebera um núcleo escuro no centro das coisas. E se essa visão não era verdadeira, tudo o que padecera fora em vão?

I. A noite de Heligolândia

Um ano antes da conferência de Munique, Heisenberg se transformara em um monstro.

Em junho de 1925, enquanto trabalhava na Universidade de Göttingen, um ataque de alergia ao pólen deformou seu rosto até deixá-lo irreconhecível. Seus lábios pareciam um pêssego podre com a pele a ponto de rebentar, suas pálpebras incharam tanto que mal o deixavam enxergar. Incapaz de suportar nem um dia de primavera a mais, pegou um barco para se afastar o máximo possível das partículas microscópicas que tanto o torturavam.

Seu destino era a "terra santa" de Heligolândia, a única ilha de alto-mar da Alemanha, tão seca e inclemente que suas árvores mal conseguiam descolar os troncos do chão e nem uma só flor brotava entre suas rochas. Passou a viagem trancado na cabine, enjoado e vomitando, e ao pisar no pó vermelho da ilha se sentia tão miserável que teve que fazer um esforço para não ver o muro do penhasco — que se erguia mais de setenta metros sobre sua cabeça — como a solução mais expedita para os múltiplos achaques físicos e psicológicos que o afetavam desde que decidira resolver o mistério do mundo quântico.

Diferentemente de seus colegas, que desfrutavam do momento de ouro pelo qual a física estava passando, desenvolvendo aplicações e cálculos cada vez mais complexos e exatos, Heisenberg vivia torturado pelo que considerava uma falha essencial nos fundamentos da disciplina: as leis que tinham funcionado tão bem para o mundo macroscópico de Isaac Newton em diante perdiam validez no interior dos átomos. Heisenberg queria entender o que eram as partículas elementares e desenterrar a raiz que unia todos os fenômenos naturais. Mas essa singular obsessão — na qual trabalhava sem a permissão de seu supervisor — o estava consumindo completamente.

A mulher que o recebeu no pequeno hotel onde reservara um quarto mal pôde dissimular sua impressão ao vê-lo. Insistiu em chamar a polícia, certa de que o jovem tinha sido espancado por algum marinheiro bêbado durante a viagem. Quando Heisenberg conseguiu convencê-la de que só se tratava de uma alergia, Frau Rosenthal jurou cuidar dele até que ficasse completamente recuperado, tarefa à qual se dedicou como se o físico fosse seu próprio filho, irrompendo em seu quarto a qualquer hora para obrigá-lo a beber um unguento pestilento supostamente milagroso, que Heisenberg fingia engolir aguentando a ânsia de vômito, para depois cuspi-lo pela janela quando a mulher por fim o deixava em paz.

Durante seus primeiros dias em Heligolândia, Heisenberg seguiu um estrito regime de atividade física: assim que acordava se lançava ao mar e nadava até rodear o penhasco onde, segundo a dona do hotel, estava escondido o maior tesouro de pirata da Alemanha. Werner só voltava à margem quando estava completamente exausto e quase a ponto de se afogar, um hábito que adquirira ainda criança, quando competia com seus irmãos para ver quem podia dar mais voltas ao redor do estanque à beira do terreno da casa dos pais. Heisenberg enfrentava suas pesquisas com essa mesma atitude, trabalhando durante dias em um transe profundo, esquecendo inclusive de comer e de dormir. Se não conseguia alcançar um resultado satisfatório, ficava a um passo do colapso nervoso; se o fazia, caía em um estado de exaltação similar a um êxtase religioso, no qual seus amigos acreditavam que ele tinha se tornado progressivamente viciado.

Da janela de seu hotel, ele gozava de uma vista ininterrupta do oceano. Olhando as ondas que corriam até se perder no horizonte, não podia deixar de lembrar das palavras de seu mentor, o físico dinamarquês Niels Bohr, que dissera que uma parte da eternidade está ao alcance daqueles que são capazes de olhar a vertiginosa extensão do mar sem fechar os olhos. No verão anterior, eles tinham percorrido as colinas que rodeiam Göttingen e Heisenberg considerava que sua carreira científica só tinha começado de fato depois dessas longas caminhadas.

Bohr era um colosso do mundo da física. O único outro cientista que teve seu nível de influência na primeira metade do século XX foi Albert Einstein, de quem era tão amigo quanto rival. Em 1922, Bohr já havia recebido o prêmio Nobel e tinha um dom para descobrir talentos excepcionais e colocá-los sob sua influência. Foi exatamente o que fez com Heisenberg: durante seus passeios pela montanha, convenceu o jovem físico de que ao falar dos átomos a linguagem só podia ser utilizada como poesia. Caminhando com Bohr, Heisenberg teve sua primeira intuição da radical alteridade do mundo subatômico: "Se apenas um cisco de pó contém bilhões de átomos", disse a ele Bohr enquanto escalavam os maciços da cordilheira Harz, "como se podia falar com sentido de algo tão pequeno?". O físico — como o poeta — não devia descobrir os fatos do mundo, mas apenas criar metáforas e conexões mentais. Desse verão em diante, Heisenberg entendeu que aplicar conceitos da física clássica — como posição, velocidade e momento — a uma partícula subatômica era um despropósito total. Esse aspecto da natureza requeria um novo idioma.

Em seu retiro em Heligolândia, Heisenberg decidiu se submeter a um exercício de restrição radical. O que *de fato* era possível saber do que ocorria no interior de um átomo? Cada vez que um dos elétrons que rodeia o núcleo muda seu nível de energia, emite um fóton, uma partícula de luz. Essa luz pode ser registrada em uma placa fotográfica. E essa é a única informação que é possível medir diretamente, a única luz que sai da escuridão do átomo. Heisenberg decidiu abandonar todo o resto. Ele deduziria as regras que regiam essa escala com base nesse punhado de esquálidos dados. Não ia utilizar nenhum outro conceito, nenhuma imagem, nenhum modelo; ia deixar que a própria realidade ditasse o que era possível dizer sobre ela.

Assim que sua alergia lhe permitiu trabalhar, ordenou esses dados em uma série interminável de tabelas e colunas, formando uma complexa rede de matrizes. Durante dias, dedicou-se a brincar com elas como uma criança tentando montar um quebra-cabeça cuja tampa se perdeu, curtindo o prazer de encaixar as peças, mas sem conseguir adivinhar sua forma verdadeira. Pouco a pouco, começou a distinguir relações sutis, maneiras de somar e multiplicar suas matrizes, regras de um novo tipo de álgebra que se tornava cada vez mais abstrato. Ele passeava por caminhos sinuosos que atravessavam a ilha com a vista colada no chão, sem ter a menor ideia de para onde ia. Cada novo avanço nos seus cálculos o afastava mais do mundo real. À medida que complexificava as operações que era capaz de realizar com suas matrizes, mais obscuro se tornava seu argumento. Que relações podiam existir entre essas listas de números e as moléculas que formavam as peças espalhadas a seus pés? Como seria possível retornar das suas tabelas — mais próprias ao caderno de um triste contador do que de um físico — a algo que se parecesse, mesmo que um pouco, com a ideia do átomo que se tinha em sua época? O núcleo como um pequeno sol e os elétrons orbitando ao seu redor como planetas; Heisenberg detestava essa imagem por ser ingênua e infantil. Em sua visão do átomo, aquilo se esvaía; o minúsculo sol se extinguia, o elétron deixava de girar em círculos e se dissolvia em uma névoa informe. Só sobravam os números. Uma paisagem tão estéril como a planície que separava as pontas da ilha.

Manadas de cavalos selvagens a atravessavam galopando, perfurando o terreno com seus cascos. Heisenberg não conseguia entender como podiam sobreviver em um lugar tão ermo, mas seguiu suas pegadas até uma pedreira de gesso, onde se entreteve quebrando pedras para ver se encontrava um dos fósseis da ilha, famosos em toda a Alemanha. Ele dedicou o resto dessa tarde a lançar pedras no fundo da pedreira, onde estouravam em mil pedaços, antecipando — sem saber e à escala microscópica — a violência que os ingleses desfeririam sobre Heligolândia depois da Segunda Guerra Mundial, quando amontoaram todas as munições, os torpedos e as minas que tinham sobrado e detonaram a explosão não nuclear mais potente da história no meio da ilha. A onda de choque do Big Bang britânico quebrou janelas a sessenta quilômetros de distância e coroou a ilha com uma coluna de fumaça preta que se elevou por três mil metros, pulverizando a ladeira que Heisenberg escalara vinte anos antes para ver o pôr do sol.

Quando ele estava prestes a alcançar a beira do penhasco, uma densa neblina caiu sobre a ilha. Heisenberg decidiu voltar ao hotel, mas ao virar percebeu que o caminho tinha se esfumado. Limpou as lentes dos óculos e olhou ao seu redor procurando alguma referência que lhe permitisse se afastar do barranco com segurança, mas estava completamente desorientado. Quando a névoa se diluiu um pouco, acreditou reconhecer uma enorme rocha que tentara escalar na tarde anterior, mas assim que deu um passo a bruma o envolveu de novo. Como qualquer bom montanhista, conhecia múltiplas histórias de passeios que tinham acabado em tragédia: bastava pôr um pé fora de lugar para acabar quebrando a cabeça. Procurou manter a calma, mas tudo a seu redor tinha mudado; o vento corria gelado, o pó se levantava do chão e aguilhoava seus olhos, o sol não conseguia penetrar na névoa. O pouco que foi capaz de distinguir perto dos seus pés — uma bosta seca, o esqueleto de uma gaivota, o papel amassado de uma bala — lhe pareceu estranhamente hostil. O frio mordia a pele das suas mãos, embora meia hora antes tivesse tirado o casaco por causa do calor. Incapaz de avançar em nenhuma direção, sentou-se e começou a folhear seu caderno de notas.

Tudo o que havia feito até então lhe pareceu sem sentido. As restrições a que tinha se imposto eram absurdas; não era possível iluminar o átomo obscurecendo-o dessa maneira. Começou a sentir uma onda de autocompaixão crescendo no peito quando uma rajada de vento dissipou a neblina de maneira momentânea, mostrando o caminho que descia ao vilarejo. Levantou-se de um pulo e correu tentando alcançá-lo, mas a bruma voltou tão rápido quanto tinha ido embora. Sei onde está o caminho, disse a si mesmo, só tenho que me aproximar pouco a pouco, prestando atenção em pequenos detalhes do terreno imediato, dez metros até aquela pedra partida, vinte até os vidros quebrados da garrafa, cem até as raízes tortas da árvore seca. Mas só de olhar ao redor aceitou que não tinha nenhuma maneira de saber se se aproximava do caminho ou andava direto para o abismo. Ia se sentar de novo quando escutou um tronar surdo à sua volta. O barulho sacudiu a terra e foi crescendo em intensidade até que os pedregulhos a seus pés começaram a dançar como se tivessem ganhado vida própria. Acreditou distinguir um grupo de sombras que se mexiam a toda velocidade, um pouco além de onde sua vista alcançava. São os cavalos, disse a si mesmo tentando controlar as batidas do coração, são os cavalos que correm cegos na névoa. Embora os tenha procurado quando o céu ficou completamente limpo, não conseguiu encontrar nem mesmo uma de suas pegadas.

Durante os três dias seguintes, trabalhou sem descanso, trancado em seu quarto sem sequer escovar os dentes. E teria continuado assim se não fosse Frau Rosenthal, que irrompeu para expulsá-lo aos empurrões, alegando que o quarto tinha começado a feder a morto. Heisenberg desceu ao porto cheirando sua roupa. Quanto tempo fazia que não trocava a camisa? Andou com a vista colada ao chão, fazendo um esforço tão grande para evitar os olhares dos outros turistas que quase esbarrou em uma jovem que tentava chamar a sua atenção. Fazia tanto tempo que não interagia com outro ser humano, além da dona do hotel, que demorou além da conta para entender que aquela moça de olhos brilhantes e cabelo cacheado só tentava lhe vender uma bandeirinha de ajuda aos pobres. Heisenberg buscou em seus bolsos: não tinha um marco para lhe dar. A jovem sorriu com as bochechas coradas e disse para ele não se preocupar, mas o coração de Werner afundou no peito. O que estava fazendo nessa merda de ilha? Seguiu a moça com o olhar até vê-la abordar um grupo de dândis bêbados que tinham acabado de descer do barco e andavam abraçados com suas namoradas. Pensou que provavelmente ele era o único homem sozinho em toda a ilha. Virou-se e foi invadido por uma sensação de estranheza incontrolável. As lojas à beira da orla marítima lhe pareceram ruínas carbonizadas por uma gigantesca tempestade de fogo. As pessoas pululavam ao seu redor com a pele queimada por um incêndio que só Heisenberg podia ver; as crianças corriam com o cabelo em chamas, os casais ardiam como lenha de uma pira funerária, rindo juntos, seus braços tão entrelaçados como as línguas de fogo que brotavam de seus corpos e se estendiam até o céu. Heisenberg apertou o passo, tentando dominar o tremor que tinha se apoderado de suas pernas, quando uma grande explosão sacudiu seus tímpanos e um raio de luz atravessou as nuvens e furou um buraco no seu cérebro. Ele correu de volta para o hotel, praticamente cegado pela aura que anunciava um de seus ataques de enxaqueca, aguentando as náuseas e uma dor que ia se espalhando do centro da testa até os ouvidos, como se sua cabeça fosse se partir em duas. Quando finalmente se arrastou escada acima e caiu desmaiado sobre a cama, tiritava por conta da febre.

Tornou-se incapaz de reter o que comia, embora tenha se negado a suspender suas caminhadas ao redor da ilha. Avançava marcando o terreno como um animal, cagando de cócoras sem tirar os sapatos e depois cavando entre as pedras para cobrir sua merda, certo de que a qualquer momento alguém o surpreenderia com a bunda de fora. Estava convencido de que sua anfitriã o envenenava com aquele tônico que o obrigava a beber, mas ela lhe dava colheradas cada vez maiores conforme Heisenberg perdia peso, resultado da diarreia e dos vômitos. Quando já não conseguia colocar um pé para fora da cama (na qual mal cabia se esticasse as pernas), vestiu-se com toda a roupa que coube no corpo e se cobriu até o pescoço para tentar "queimar a febre", um remédio caseiro que aprendera com a mãe e que aplicava sem questionar sua efetividade, convencido de que era preferível suportar qualquer dor para não cair nas mãos de um médico.

Suando dos pés à cabeça, passava o dia memorizando *Divã ocidento-oriental*, um livro de poemas de Goethe que um visitante anterior esquecera no quarto. Lia os poemas em voz alta, várias vezes. Alguns dos versos conseguiam escapar ao confinamento do seu quarto e se amplificavam nos corredores vazios do hotel, desconcertando os outros hóspedes, que os ouviam como se fossem desvarios de um fantasma. Goethe os escrevera em 1819, inspirado pelo místico sufi Khwāja Shams-ud-Dīn Muḥammad Ḥāfeẓ-e Shīrāzī, conhecido simplesmente como Hafez. O gênio alemão leu o grande poeta persa do século XIV em uma tradução ruim publicada na Alemanha e chegou a acreditar que tinha recebido o livro por mandato divino. Identificou-se tanto com ele que sua voz mudou completamente, fundindo-se com a do homem que cantara as glórias de Deus e do vinho, quatrocentos anos antes. Hafez tinha sido um santo bebedor, tão místico quanto hedonista. Dedicou-se à oração, à poesia e ao álcool, e aos sessenta anos traçou um círculo na areia do deserto, sentou-se no meio e jurou que não se levantaria até tocar a mente de Alá, o Deus único e todo-poderoso. Passou quarenta dias em silêncio, atormentado pelo céu e pelo vento, sem obter resultados, mas, ao romper seu longo jejum com uma taça de vinho dada pelo homem que o encontrou a um passo da morte, sentiu o despertar de uma segunda consciência que se impôs à sua e ditou a ele mais de quinhentos poemas. Goethe também contou com ajuda para escrever seu *Divã*, embora não tenha se inspirado na divindade, mas na esposa de um de seus amigos, Marianne von Willemer, tão fanática por Hafez quanto ele. Escreveram o livro a duas mãos, trabalhando os rascunhos em longas cartas cheias de erotismo, nas quais Goethe se imagina mordendo os bicos de seus seios e penetrando-a com os dedos, enquanto ela sonha em sodomizá-lo, embora só tenham se visto uma vez e não haja evidência de que tenham conseguido cumprir suas fantasias. Marianne compôs os cantos ao vento do Leste na voz de Zuleica, a amante de Hatem, mas sua coautoria foi um segredo que só confessou na noite antes de morrer, recitando os mesmos versos que Heisenberg lia sacudido pela febre: *Onde está a cor que pode cingir o céu?/ A névoa cinza me deixa cega/ quanto mais olho menos vejo.*

Mesmo doente, Heisenberg insistia em trabalhar nas suas matrizes: enquanto Frau Rosenthal aplicava nele compressas frias para baixar a temperatura e tentava convencê-lo a chamar um médico, ele lhe falava de osciladores, linhas espectrais e elétrons amarrados harmoniosamente, convencido de que só precisava aguentar alguns dias para que seu corpo vencesse a doença e sua mente encontrasse a saída do labirinto onde tinha se fechado. Embora mal pudesse virar as páginas, continuava lendo os versos de Goethe, e cada um deles parecia uma flecha dirigida contra si mesmo: *Só estimo aqueles que anelam a morte/ em chamas o amor me abraçou/ em cinzas toda imagem de minha mente.* Quando conseguia dormir, Heisenberg sonhava com dervixes que rodavam no centro de seu quarto. Hafez os perseguia de quatro, bêbado e nu, latindo para eles como um cachorro. Puxava seu turbante, seu copo de vinho e depois a jarra vazia para tentar tirá-los da órbita. Não conseguindo quebrar seu transe, mijava neles um por um, formando um padrão de manchas amarelas no tecido de suas túnicas no qual Heisenberg acreditava reconhecer o segredo de suas matrizes. Ele esticava as mãos para pegá-lo, mas as manchas se transformavam em uma longa fileira de números que dançava ao seu redor, envolvendo seu pescoço em um círculo cada vez mais estreito, até que ele mal conseguia respirar. Esses pesadelos eram um descanso bem-vindo para seus sonhos eróticos, que só se tornavam mais intensos à medida que ele ia perdendo a força e o faziam manchar os lençóis como um adolescente. Embora tentasse impedir que Frau Rosenthal os trocasse, ela não estava disposta a deixar passar um dia sem limpar completamente seu quarto. Heisenberg mal podia suportar a vergonha, mas não aceitava se masturbar: estava convencido de que todas as energias de seu corpo deviam permanecer armazenadas para poder dedicá-las ao seu trabalho.

No meio da noite, sua mente exaurida pela febre estabelecia estranhas conexões que lhe permitiam alcançar resultados de forma direta, sem passos intermediários. Durante o delírio da insônia, sentia o cérebro cindido em dois; cada hemisfério trabalhava por conta própria, sem a necessidade de se comunicar com o outro. Suas matrizes violavam todas as regras da álgebra comum. Obedeciam à lógica dos sonhos, na qual uma coisa pode ser muitas: era capaz de multiplicar as quantidades e obter uma resposta diferente dependendo da ordem em que o fizesse; três vezes dois eram seis, mas dois vezes três podiam dar outro resultado. Exausto demais para questionar os resultados, continuou trabalhando até chegar à última matriz. Quando a resolveu, saiu da cama e começou a gritar: *Unbeobachtet! Anschauung! Unanschaulichkeit!*, acordando o hotel inteiro. Frau Rosenthal entrou no quarto a tempo de vê-lo cair de bruços no chão, com as calças do pijama cheias de merda. Quando conseguiu acalmá-lo, enfiou-o na cama e saiu correndo para buscar o médico, sem prestar atenção nas queixas de Heisenberg, que entrava e saía de suas alucinações.

Sentado aos pés da cama, Hafez lhe oferecia uma taça de vinho: Heisenberg a pegou e a bebeu aos borbotões, molhando o cavanhaque e o peito, antes de perceber que continha o sangue do poeta, que agora se masturbava furiosamente, dessangrando-se pelos pulsos. *Toda essa comida e bebida tornaram você gordo e ignorante!*, cuspiu Hafez, *mas você terá uma oportunidade se negar a si mesmo o sono e o alimento. Não fique aí sentado pensando. Saia e mergulhe no mar de Deus! Molhar um dos teus pelos não te dará sabedoria. Quem vê Deus não tem dúvidas. Sua mente e sua visão são puras.* Tonto e confuso, Heisenberg tentou seguir as instruções do fantasma, mas as terças o impediam de se mexer e seus dentes não paravam de bater.

Recuperou a lucidez apenas para sentir a pontada da agulha da injeção e ver a dona do hotel chorando sobre o ombro do médico, que assegurava que tudo ia ficar bem, que era só um resfriado malcuidado, sem que nenhum deles pudesse ver Goethe montado sobre o cadáver de Hafez, já drenado de todo seu sangue, mas ainda capaz de manter uma gloriosa ereção, que o poeta alemão tentava avivar com os lábios, como quem sopra as brasas de um fogo que se apaga.

Heisenberg acordou no meio da noite. A febre desaparecera e sua mente estava excepcionalmente lúcida. Ele se levantou da cama e se vestiu de maneira mecânica, sentindo-se completamente alheio ao seu corpo. Aproximou-se da escrivaninha, abriu o caderno de notas e viu que terminara todas as suas matrizes, sem saber como construíra a metade delas. Pegou o casaco e saiu no frio.

No céu não havia estrelas, só nuvens iluminadas pela lua, mas seus olhos tinham se acostumado tanto à escuridão depois de dias de confinamento que foi capaz de andar com absoluta segurança. Seguiu a estrada que subia até os penhascos sem sentir frio e, ao chegar à parte mais alta da ilha, pôde ver um clarão que despontava no horizonte, embora ainda faltassem horas para o amanhecer. A claridade não emanava do céu, mas da própria terra, e Heisenberg pensou que talvez fosse o brilho de uma enorme cidade, embora soubesse que a mais próxima ficava a centenas de quilômetros de distância. Essa luz não tinha como alcançá-lo. Mas ele podia vê-la. Sentado com a testa exposta ao vento que se erguia do mar, abriu o caderno e começou a revisar as matrizes, tão nervoso que cometia um erro atrás do outro e tinha que recomeçar do início. Quando viu que a primeira mantinha sua coerência, sentiu seu corpo de novo. Durante a segunda, sua mão tiritava de frio. O lápis ia deixando pequenas marcas sobre o papel, por cima e por baixo dos cálculos, como se estivesse empregando os símbolos de uma linguagem desconhecida. Todas as suas matrizes se mostraram consistentes: Heisenberg tinha modelado um sistema quântico com base apenas no que se podia observar de forma direta. Ele substituíra as metáforas por números e descobrira as regras que governavam o que ocorria no interior dos átomos. Suas matrizes lhe permitiam descrever onde estaria um elétron de uma hora para outra e como interagiriam com outras partículas. Ele replicara no mundo subatômico o que Newton fizera para o sistema solar, usando apenas a matemática pura, sem recorrer a nenhuma imagem. Embora não compreendesse como alcançara seus resultados, eles estavam ali, escritos com sua própria mão: se eram corretos, a ciência poderia não só entender, mas começar a manipular a realidade em sua escala fundamental. Heisenberg pensou nas consequências de um conhecimento dessa natureza e sofreu tanta vertigem que teve que frear o impulso de lançar o caderno ao vazio. Sentia que estava vendo por trás dos fenômenos atômicos, na direção de uma beleza nova. Excitado demais para ir dormir, andou até uma rocha que despontava diretamente sobre o oceano. Pulou sobre sua base, trepou até a ponta e se sentou para esperar o sol nascer com as pernas penduradas sobre o vazio, escutando o som das ondas que açoitavam as paredes do penhasco.

Ao voltar à Universidade de Göttingen, Heisenberg lutou para condensar sua epifania em um artigo publicável. Ele achou o resultado, no mínimo, fraco, se não simplesmente absurdo. Em suas páginas não se falava de órbitas nem trajetórias, posições nem velocidade; tudo isso tinha sido substituído por uma complexa treliça de números e um conjunto de regras matemáticas tão emaranhadas que chegavam a ser repulsivas. Fazer o cálculo mais simples requeria um esforço titânico, e mesmo para ele era praticamente impossível decifrar a conexão entre suas matrizes e o mundo real. Mas elas funcionavam! Inseguro demais para se atrever a publicá-lo, passou-o para Niels Bohr, que o deixou sobre sua escrivaninha durante semanas.

O dinamarquês começou a folheá-lo em uma manhã em que não tinha nada melhor para fazer, e depois o leu várias vezes, com crescente fascinação. Logo estava tão imerso na nova descoberta de Heisenberg que durante as noites tinha dificuldade para adormecer. O que o jovem alemão conseguira não tinha precedentes: equivalia a deduzir todas as regras do torneio de tênis de Wimbledon — da indumentária branca que os jogadores deviam usar à tensão com a qual as redes tinham que ser esticadas — só com base nas poucas bolas que saíam disparadas por cima dos muros do estádio, sem nunca observar o que estava acontecendo na quadra. Por mais que tentasse, Bohr não conseguia decifrar a estranha lógica que Heisenberg empregara para criar suas matrizes, embora soubesse que o jovem encontrara algo fundamental. A primeira coisa que ele fez foi advertir a Einstein: "O novo artigo de Heisenberg, que logo será publicado, é absolutamente desconcertante. Parece a obra de um místico, mas sem dúvida é correto e de uma profundidade enorme".

Em dezembro de 1925, Heisenberg publicou "Uma reinterpretação teórico-quântica das relações cinemáticas e mecânicas", no número 33 da revista *Zeitschrift für Physik*, a primeira formulação da mecânica quântica.

II. As ondas do príncipe

As ideias de Heisenberg causaram estupor.

Embora o próprio Einstein tenha se dedicado a estudar a "mecânica de matrizes" como se fosse o mapa de um tesouro perdido, havia algo nela que lhe provocava verdadeira repulsa. "A teoria de Heisenberg é a mais interessante de todas as contribuições recentes", escreveu a seu amigo Michele Besso, "é um cálculo demoníaco que envolve determinantes infinitos e usa matrizes em vez de coordenadas. É muito engenhoso. E está bastante protegido de ser provado como falso, devido a sua endiabrada complexidade." Mas o que aborrecia Einstein não era o hermetismo das fórmulas, e sim algo muito mais fundamental: o mundo que Heisenberg descobrira era incompatível com o senso comum. A mecânica das matrizes não descrevia objetos normais — embora inimaginavelmente pequenos —, mas um aspecto da realidade que as palavras e os conceitos da física clássica não podiam sequer nomear. Para Einstein, isso não era um problema menor. O pai da relatividade era o grande mestre da visualização; todas as suas ideias sobre o espaço e o tempo tinham nascido de sua capacidade de se imaginar nas situações físicas mais extremas. Por isso mesmo, não estava disposto a aceitar as restrições solicitadas pelo jovem alemão, que parecia ter tirado ambos os olhos para ver mais longe. Einstein intuía que, se essa linha de pensamento fosse levada até as últimas consequências, a escuridão poderia infectar toda a física: se Heisenberg triunfasse, uma parte fundamental do mundo obedeceria a regras que nunca conseguiríamos conhecer, como se um acaso ingovernável tivesse se aninhado no coração da matéria. Alguém tinha que detê-lo. Alguém tinha que tirar o átomo da caixa-preta na qual Heisenberg o trancara. E para Einstein esse alguém era um jovem francês tímido, afetado e extravagante: o príncipe Louis-Victor-Pierre-Raymond, sétimo duque de Broglie.

Filho de uma das dinastias mais ilustres da França, Louis de Broglie cresceu sob as saias da irmã mais velha. A princesa Pauline, que o adorava acima de todas as coisas, o descreveu em suas memórias como um menino magro e esbelto, "com o cabelo cacheado como um poodle, com um pequeno rosto risonho e os olhos cheios de malícia". Durante sua infância, o pequeno Louis gozou de uma vida de luxos e privilégios, embora tenha sido totalmente ignorado pelos pais. Essa falta de carinho foi suprida pela irmã, que celebrava a menor gracinha dele: "Falava sem parar à mesa e, mesmo que o calassem aos berros, era incapaz de conter a língua, e seus comentários eram tão irresistíveis! Criado na solidão, tinha lido muito e habitava um mundo completamente irreal. Tinha uma memória prodigiosa e era capaz de recitar cenas completas do teatro clássico com um brio inesgotável, mas tremia de medo diante das situações mais inofensivas: os pombos o aterrorizavam, os cães e os gatos lhe davam pavor e o som dos sapatos do nosso pai subindo as escadas podia desatar nele um ataque de pânico". Como o menino demonstrou um gosto particular pela história e pela política (com apenas dez anos era capaz de recitar os nomes de todos os ministros da Terceira República), sua família imaginou que seguiria uma carreira diplomática, mas foi o laboratório do irmão mais velho, o físico experimentalista Maurice de Broglie, que o acabou seduzindo.

O laboratório cobria grande parte de uma das mansões familiares e cresceu até ocupar uma esquina da Rue Chateaubriand. Nos estábulos onde dormiam os cavalos puro-sangue, zuniam enormes geradores de raios X, conectados ao laboratório principal mediante grossos cabos que atravessavam as cerâmicas do banheiro de visita e a tapeçaria dos valiosos gobelinos que cobriam as paredes do escritório de Maurice, que ficou encarregado do pequeno príncipe depois da morte do pai. Louis começou a estudar ciências e demonstrou a mesma aptidão para a física teórica que seu irmão tinha para a experimental. Quando ainda era estudante, deparou-se com as anotações sobre física quântica que seu irmão tinha feito como secretário da I Conferência de Solvay, o encontro científico mais prestigioso da Europa. Esse fato aparentemente fortuito não apenas alterou para sempre a direção de sua vida, mas chegou a operar uma mudança tão estranha em seu caráter que sua irmã Pauline mal o reconheceu ao voltar das férias na Itália: "O *petit prince* que tinha me entretido durante toda minha infância havia desaparecido completamente. Agora ele vivia o tempo todo fechado em um pequeno quarto, imerso em um manual de matemática e acorrentado a uma rotina repetitiva e inflexível. Com rapidez surpreendente, estava se transformando em um homem austero que levava uma vida monástica, tanto que sua pálpebra direita, que sempre caíra um pouco sobre o olho, agora o cobria por completo, enfeando-o de uma maneira que considerei lamentável, já que só fazia acentuar seu ar ausente e afeminado".

Em 1913, Louis cometeu o erro de se inscrever no corpo de engenheiros para cumprir o serviço militar, bem antes de estourar a Primeira Guerra Mundial. Acabou servindo como telegrafista na Torre Eiffel até o final do conflito, encarregado da manutenção dos instrumentos utilizados para interceptar as mensagens do inimigo. Covarde por natureza, a vida no Exército foi mais do que o pobre Louis podia suportar; nos anos posteriores à guerra, costumava se queixar amargamente do efeito que a catástrofe europeia tivera em sua mente, que, segundo ele mesmo, nunca voltou a funcionar como antes.

O único de seus companheiros de armas que ele continuou vendo foi um jovem artista, Jean-Baptiste Vasek, o primeiro amigo verdadeiro que De Broglie fizera desde a infância. Sua companhia fora a única fonte de diversão durante os anos de tédio que passaram juntos sobre a Torre, e eles mantiveram um contato estreito e carinhoso depois que foram dispensados. Vasek era pintor, mas além disso se dedicara a reunir uma extensa coleção de obras que aglutinava sob o nome de *art brut*, composta de poemas, esculturas, desenhos e quadros feitos por pacientes psiquiátricos, vagabundos, crianças com atraso mental, viciados, bêbados e depravados, em cujas visões tortas ele acreditava distinguir o terreno fértil no qual se gestariam os mitos do futuro. De Broglie nunca esteve convencido de que fosse possível fazer algo útil com o que Jean-Baptiste chamava de "energia criativa em estado puro", mas sua dedicação à arte era similar à paixão monomaníaca com a qual Louis enfrentava a física, e eles podiam passar tardes inteiras conversando em um dos salões da mansão de De Broglie ou mergulhados em um confortável silêncio, sem sentir a passagem do tempo nem prestar atenção no que ocorria no mundo exterior.

De Broglie só se deu conta de até que ponto tinha se apaixonado pelo amigo quando o pintor se suicidou. Vasek não deixou nenhuma explicação de por que o fizera, só uma nota na qual rogava a seu "queridíssimo Louis" que guardasse sua coleção e que, se fosse possível, continuasse ampliando-a, mandato que Louis seguiu ao pé da letra.

De Broglie abandonou os estudos de física e focou seus enormes poderes de concentração em continuar o projeto de seu amor perdido. Ele utilizou sua parte da herança familiar e percorreu os manicômios da França e de boa parte da Europa comprando qualquer manifestação artística que os pacientes fossem capazes de realizar. Não só tomou o que já estava feito, mas ofereceu dinheiro em troca de obras novas, entregando materiais aos diretores dos centros e limando qualquer aspereza com subornos em dinheiro ou joias que tirava da coleção de sua mãe. Mas ele não se deteve aí: quando esgotou os asilos, estabeleceu uma fundação que trabalhava com crianças que sofriam problemas de desenvolvimento e, quando não conseguiu mais encontrar crianças, criou uma bolsa de arte para prisioneiros violentos e condenados por delitos sexuais. Finalmente, aproximou-se das organizações de caridade da Igreja e financiou um lar de acolhimento que recebia mendigos e lhes dava comida e alojamento em troca de um poema, um desenho ou uma obra musical. Quando não sobrava espaço para nem mais uma folha de papel no palacete em que as reuniu, montou a grandiosa exposição — *La Folie des Hommes* —, cuja autoria atribuiu ao seu amigo.

A inauguração reuniu tantas pessoas que a polícia teve que dispersar a multidão que se aglomerava na entrada da propriedade para evitar que alguém morresse esmagado. A mostra dividiu a opinião pública em duas metades irreconciliáveis: os que denunciaram a decadência absoluta na qual o mundo artístico caíra e os que aplaudiram o nascimento de uma nova arte, capaz de fazer com que os experimentos dos dadaístas parecessem jogos de salão para senhorzinhos entediados. Mesmo para um país como a França, tão acostumado às excentricidades do pouco que restava de sua nobreza, a mostra foi incompreensível; o rumor de que o príncipe De Broglie tinha dilapidado a fortuna familiar para prestar homenagem a um de seus amantes foi a fofoca da alta sociedade durante toda essa temporada. Quando Louis leu um artigo que zombava sem piedade das pinturas de Jean-Baptiste (que De Broglie reunira em uma sala especial dentro da exposição), trancou-se no edifício junto com a obra de todos os lunáticos da Europa e durante três meses se negou a ver outra pessoa além de sua irmã, que lhe trazia pratos de comida que ele deixava do lado de fora da porta, sem experimentá-los.

Convencida de que Louis estava se deixando morrer de fome, Pauline rogou ao irmão mais velho que interviesse. Maurice bateu na porta do palacete durante vinte minutos sem receber resposta e depois estourou o trinco com um tiro de escopeta. Entrou junto com cinco criados, disposto a arrastar o irmão a uma casa de saúde, e avançou gritando pelos corredores e salões repletos de estátuas de lixo, vendo pela primeira vez as cenas do inferno desenhadas com giz, até que chegou à sala principal da mostra, na qual se alojava uma réplica perfeita da Catedral de Notre-Dame — incluindo os traços de cada uma de suas gárgulas —, fabricada só com base em excrementos. Furioso, apertou o passo até o quarto do último andar, onde esperava encontrar o pequeno Louis maltrapilho e desnutrido (ou pior ainda, já morto), de modo que mal conseguiu acreditar quando atravessou a porta e encontrou o irmão envolvido em um traje de veludo azul, com o bigode e o cabelo recém-cortados, fumando uma cigarrilha com um enorme sorriso no rosto e os olhos tão brilhantes como quando era criança.

"Maurice", disse seu irmão estendendo-lhe um maço de papéis com a mesma naturalidade como se tivessem se visto na tarde anterior, "preciso que você me diga se perdi a cabeça."

Dois meses mais tarde, Louis de Broglie apresentou as ideias que o fariam entrar para a história. Elas estavam contidas em sua tese de doutorado de 1924, que ele intitulou, com sua modéstia característica, simplesmente como *Pesquisa sobre a teoria dos quanta*. Defendeu-a diante de uma comissão universitária absolutamente perplexa, em um tom monocórdio que convidava ao sono, e se retirou do salão assim que deu por encerrada a dissertação, sem saber se havia sido aprovado, já que os avaliadores não conseguiram encontrar as palavras para questionar o que tinham acabado de ouvir.

"No estado atual da física, há doutrinas falsas que exercem um encanto obscuro sobre nossa imaginação", declarou De Broglie com sua voz aguda e nasal. "Durante mais de um século, dividimos os fenômenos do mundo em dois campos: os átomos e as partículas da matéria sólida e as ondas incorpóreas da luz, que se propagam pelo mar do éter luminífero. Mas esses dois sistemas não podem permanecer separados; devemos uni-los em uma só teoria que explique seus múltiplos intercâmbios. O primeiro passo foi dado pelo nosso colega Albert Einstein: faz já vinte anos, ele postulou que a luz não é apenas uma onda, mas contém partículas de energia; esses fótons, que não passam de energia concentrada, viajam nas ondas da luz. Muitos duvidaram da veracidade dessa ideia; outros quiseram fechar os olhos para não ver o novo caminho que ela nos mostra. Porque não devemos nos enganar; trata-se de uma verdadeira revolução. Estamos falando do objeto mais precioso da física, a luz, a luz que nos permite ver não só as formas deste mundo, mas também nos mostra as estrelas que decoram os braços espirais da galáxia e o coração escondido das coisas. Porém esse objeto não é singular, mas duplo. A luz existe de duas maneiras diferentes. Como tal, supera as categorias com as quais tentamos enquadrar as miríades de formas como a natureza se manifesta. Como onda e partícula, habita dois regimes e tem identidades tão opostas como os rostos de Jano bifronte. Assim como o deus romano, expressa as propriedades contraditórias do contínuo e do disperso, do separado e do individual. Aqueles que se opõem a essa revelação argumentam que essa nova ortodoxia implica se afastar da razão. A eles eu digo o seguinte: toda a matéria possui essa dualidade! Não só a luz padece desse desdobramento, mas cada um dos átomos com que a divindade construiu o universo. A tese que têm em suas mãos demonstra que para cada partícula da matéria — seja um elétron ou um próton — existe uma onda associada que a transporta pelo espaço. Sei que muitos duvidarão de meus raciocínios. Confesso que os teci em solidão. Admito seu caráter bizarro e aceito o castigo que possa cair sobre mim se chegasse a falseá-los. Mas hoje digo com plena segurança que todas as coisas podem existir de duas maneiras e que nada é tão sólido como aparenta; a pedra na mão da criança, que aponta ao indolente pardal no seu galho, poderia escorrer como a água entre seus dedos."

De Broglie tinha ficado maluco.

Quando em 1905 Einstein propôs que a luz possuía uma "dualidade onda-partícula", todos pensaram que ele tinha ido longe demais. Mas a luz é imaterial, raciocinaram seus críticos, e talvez possa existir dessa maneira tão estranha. Já a matéria era sólida. Que ela se comportasse como uma onda era inconcebível. As duas coisas não podiam ser mais opostas. Uma partícula de matéria, afinal de contas, é como uma minúscula pepita de ouro: existe em um espaço determinado e ocupa apenas um lugar no mundo. Ela pode ser olhada e se sabe exatamente onde está, minuto a minuto, porque sua massa está concentrada. Por isso mesmo, se é lançada e se choca com algo no caminho, quicará. E sempre aterrissará em um ponto específico. Já as ondas são como a água do mar; grandes e espaçosas, estendidas ao longo de uma enorme superfície. Como tal, existem em múltiplas posições ao mesmo tempo; se uma onda se choca contra uma rocha, pode ser rodeada e continuar seu caminho. Se duas delas se topam, podem ser anuladas e desaparecer ou ser atravessadas sem ser afetadas. E, quando uma onda rompe sobre a costa, ela o faz em múltiplos lugares da praia, e não em todos ao mesmo tempo. Os dois fenômenos são de natureza oposta e contrária. Seu comportamento é antagônico. E, no entanto, De Broglie dizia que todos os átomos eram — assim como a luz — uma onda e uma partícula: às vezes atuavam como a primeira, às vezes como a segunda.

O que De Broglie propunha era tão contrário ao saber compartilhado de sua época que a comissão não soube avaliar sua proposta. Não era comum que uma simples tese de doutorado obrigasse a considerar a matéria de uma forma radicalmente nova. A banca era composta de três sumidades da Sorbonne — o vencedor do Nobel em física Jean Baptiste Perrin, o famoso matemático Élie Cartan e o cristalógrafo Charles-Victor Mauguin —, além de um professor convidado do Collège de France, Paul Langevin, mas nenhum deles conseguiu entender as ideias revolucionárias do jovem De Broglie. Mauguin se negou a acreditar na existência das ondas de matéria; Perrin escreveu a Maurice de Broglie, que estava ansioso para saber se Louis obteria seu doutorado, para confessar que "a única coisa que eu posso te dizer é que seu irmãozinho é muito inteligente". Langevin também não soube se pronunciar, mas enviou uma cópia da tese a Albert Einstein, para ver se o papa da física era capaz de entender o que tinha sido apresentado pelo pequeno príncipe francês.

Einstein demorou meses para responder.

Demorou tanto que Langevin pensou que sua mensagem houvesse se perdido no caminho. Apressado pela Sorbonne, que já exigia uma decisão definitiva, enviou-lhe uma segunda carta na qual lhe perguntava se tinha tido um tempo para ler a tese e se alguma coisa fazia sentido.

A resposta chegou dois dias depois e consagrou de repente De Broglie, em cujo trabalho Einstein via o início de um novo caminho para a física: "Ele levantou um canto do grande véu. É o primeiro fraco raio de luz neste dilema do mundo quântico, o mais terrível da nossa geração".

III. Pérolas nos ouvidos

Um ano depois, a tese de De Broglie chegou às mãos de um físico brilhante, mas fracassado, em cuja mente as ondas de matéria cresceram até alcançar proporções monstruosas.

No período entreguerras, Erwin Rudolf Josef Alexander Schrödinger padecia boa parte das misérias que afetavam a Europa; estava falido, doente de tuberculose e em apenas alguns anos tivera que suportar a agonia e a morte do pai e do avô, além de uma série de humilhações pessoais e profissionais que truncaram sua carreira.

Em comparação, seus anos na Grande Guerra tinham sido surpreendentemente tranquilos. Em 1914, integrou-se como oficial ao Exército alemão e foi enviado para comandar uma pequena unidade de artilheiros austro-húngaros no planalto veneziano. Schrödinger partiu para a Itália armado com dois pistolões que comprou com dinheiro de seu próprio bolso, mas que nunca teve a oportunidade de disparar. Foi trasladado para uma fortaleza nas montanhas do Alto Ádige, no norte do país, onde se dedicou a desfrutar do ar fresco da altitude, enquanto dois mil metros abaixo incontáveis soldados começavam a cavar as trincheiras onde acabariam morrendo.

Seu único sobressalto real ocorreu enquanto cumpria uma guarda de dez dias em cima de uma das torres da fortaleza. Schrödinger adormecera olhando as estrelas e ao acordar viu uma fila de luzes que avançavam pela ladeira da montanha. Ficou de pé em um pulo e calculou que pelo terreno que cobriam se tratava de uma força de ao menos duzentos homens, três vezes mais do que sua companhia. Foi tal o medo que sentiu diante da possibilidade de participar de um combate real que correu de um lado para outro do cômodo sem poder lembrar o tipo de alarme que devia fazer soar. Quando ia sacudir o sino, percebeu que as luzes se mantinham perfeitamente imóveis; ao olhar para elas com seu binóculo, viu que eram só fogos de santelmo, línguas de plasma que brotavam das pontas do arame farpado que rodeava a fortaleza, carregadas pela eletricidade estática de uma tempestade próxima. Completamente arrebatado, Schrödinger olhou as luzinhas azuis até que a última delas desapareceu, e pelo resto de sua vida sentiu falta dessa estranha luminescência.

Passou a guerra sem ter nada com que ocupar a cabeça, esperando ordens que não chegavam e preenchendo relatórios que ninguém lia, até que caiu em um estado de desânimo extremo. Seus subalternos se queixavam de que Schrödinger não se levantava até a hora do almoço e depois dormia sestas que podiam durar a tarde toda. Sentia-se sonolento durante as vinte quatro horas do dia e não conseguia aguentar nem cinco minutos em pé. Ele parecia ter esquecido o nome de todos os colegas, como se sua mente tivesse sido invadida por um miasma venenoso e corrosivo. Embora tentasse aproveitar o tempo ocioso para folhear os artigos de física que seus colegas lhe enviavam da Áustria, era incapaz de se concentrar; cada pensamento seu tropeçava no seguinte e chegou a pensar que o tédio da guerra estava desencadeando nele uma psicose. Dormir, comer, jogar cartas. Dormir, comer, jogar cartas. É isso uma vida? — escreveu em seu diário. Eu não me pergunto mais quando esta guerra acabará. É possível que algo assim acabe? Quando a Alemanha assinou o armistício em novembro de 1918, Schrödinger voltou para uma Viena sitiada pela fome.

Nos anos seguintes, viu como o mundo em que crescera desmoronava completamente: o imperador foi deposto, a Áustria se tornou uma república e sua mãe teve que aguentar os últimos meses de vida na pobreza extrema, com o corpo consumido pelo câncer que aninhara em seus seios. Schrödinger não conseguiu salvar a fábrica da família, que faliu como consequência do bloqueio econômico que os britânicos e os franceses mantiveram apesar do cessar das hostilidades. As potências vitoriosas observaram impassíveis enquanto o Império Austro-Húngaro se desintegrava e milhões de pessoas lutavam para sobreviver, sem comida nem carvão para suportar o inverno. As ruas de Viena se encheram de soldados mutilados que tinham trazido os fantasmas do campo de batalha; seus nervos danificados pelo gás das trincheiras lhes retorciam as feições em caretas grotescas, os músculos convulsionavam, sacudindo as medalhas que pendiam dos seus uniformes decrépitos, tilintando como os sininhos de uma colônia de leprosos. A população teve que ser controlada por um Exército cujos soldados estavam tão fracos e famélicos quanto as pessoas que deviam apaziguar; eles recebiam menos de cem gramas de carne por dia, infestada de enormes vermes brancos. Quando as tropas repartiam os poucos víveres que chegavam ao país via Alemanha, o caos era total: durante um dos distúrbios, Schrödinger viu como a multidão derrubou um policial a cavalo. Em cinco minutos, o animal foi esquartejado por uma centena de mulheres, que se amontoaram em torno do cadáver para arrancar até o último pedaço de carne.

O próprio Schrödinger sobrevivia com um ínfimo salário, dando aulas ocasionais na Universidade de Viena. No tempo que sobrava, não tinha nada para fazer. Dedicou-se a devorar livros de Schopenhauer, autor através do qual conheceu a filosofia do vedanta e aprendeu que os olhos apavorados do cavalo desmembrado na praça eram também os olhos do policial que chorava sua morte; que os dentes que mordiam a carne crua eram os mesmos que haviam triturado a grama nos montes; e que o enorme coração arrancado aos puxões do peito do animal tinha salpicado o rosto das mulheres com seu próprio sangue, porque todas as manifestações individuais são reflexos de Brahma, a realidade absoluta que subjaz aos fenômenos do mundo.

Em 1920, casou-se com Annemarie Bertel, mas a felicidade que transbordava dos amantes antes de se casarem não chegou a durar um ano. Schrödinger não conseguia encontrar um bom trabalho e a esposa ganhava mais em um mês do que ele em um ano como professor. Ele a obrigou a renunciar e se tornou um físico errante, viajando de um posto mal pago ao seguinte, arrastando com ele a mulher; de Jena passaram a Stuttgart, de Stuttgart a Breslau e daí à Suíça. Sua sorte pareceu mudar ao ser nomeado chefe de física teórica na Universidade de Zurique, mas depois de apenas um semestre teve que suspender as aulas devido a um violento ataque de bronquite, que acabou se tornando seu primeiro surto de tuberculose. Ele se viu forçado a passar nove meses no ar limpo das montanhas, internado junto com a mulher na clínica do dr. Otto Herwig, nos Alpes suíços de Arosa, para onde voltaria nos anos seguintes toda vez que a saúde de seus pulmões piorava. Dessa primeira vez, Schrödinger se submeteu aos rigores da cura de altitude sob a sombra de Weisshorn e se recuperou quase por completo, embora o tratamento tenha deixado nele uma estranha sequela que nenhum de seus médicos soube explicar: uma hipersensibilidade auditiva que beirava o sobrenatural.

Em 1923, Schrödinger tinha trinta e sete anos e por fim se estabelecera em uma confortável rotina na Suíça. Tanto ele quanto Anny tinham múltiplos amantes, mas ambos toleravam as infidelidades e conviviam em paz. A única coisa que o torturava era a consciência de ter desperdiçado seu talento. Sua superioridade intelectual tinha sido evidente desde a infância: no colégio, sempre tirou as melhores notas, não só nas matérias que lhe davam prazer, mas em todas. Os alunos de seu curso estavam tão acostumados a que Erwin soubesse tudo que um deles recordaria, várias décadas depois, a única pergunta feita por um dos professores que o jovem Schrödinger não soube responder: qual é a capital de Montenegro? Essa fama de gênio o seguiu até a Universidade de Viena, onde seus colegas de graduação se referiam a Erwin como *o Schrödinger*. Sua fome de conhecimento abarcava todas as áreas da ciência, incluindo a biologia e a botânica, mas também vivia obcecado pela pintura, pelo teatro, pela música, pela filologia e pelo estudo dos clássicos. Essa curiosidade incontrolável, somada a seu evidente talento para as ciências exatas, fez com que seus professores lhe vaticinassem um futuro cheio de glória. E, no entanto, com o correr dos anos, *o Schrödinger* tinha se transformado em mais um físico. Nenhum de seus artigos tinha dado uma contribuição significativa. Ao não ter irmãos nem poder ter filhos com Anny, se morresse a essa idade, o nome de sua família se perderia para sempre. Sua esterilidade biológica e intelectual o levou a fantasiar com o divórcio; talvez devesse abandonar tudo e começar a vida de novo, talvez devesse renunciar ao álcool e parar de perseguir todas as mulheres que conhecia; ou esquecer a física e se dedicar plenamente a outra de suas paixões. Talvez, talvez. Ele passou boa parte de um ano pensando nisso, mas a única coisa que fez foi discutir com sua mulher de forma cada vez mais violenta, aproveitando que ela desfrutava de um caso particularmente intenso com o físico holandês Peter Debye, um colega da faculdade. Sem nada para esperar do futuro cada vez mais cinza e repetitivo, Schrödinger caiu no mesmo desânimo que quase o aniquilara durante a guerra.

Nesse estado, recebeu um convite do seu decano para realizar um seminário sobre as ideias de De Broglie. Schrödinger se entregou à tarefa com um entusiasmo que não sentira desde que era estudante. Analisou o trabalho do francês de trás para a frente e, assim como Einstein, reconheceu imediatamente o potencial da tese do príncipe. Erwin por fim tinha encontrado algo em que afundar os dentes, e durante sua apresentação se vangloriou diante de todo o departamento de física, como se estivesse apresentando suas próprias ideias: explicou que a mecânica quântica, que tantos problemas estava causando, podia ser domada com um esquema clássico. Não teriam que mudar os fundamentos da disciplina para sondar essa escala. Não precisariam de uma física para o grande e de outra para o pequeno. E todos nos salvaremos de usar a álgebra horrível desse maldito *wunderkind*, Werner Heisenberg!, disse a eles Schrödinger, desatando o riso dos colegas. Se De Broglie tinha razão, os fenômenos atômicos tinham um atributo comum e, inclusive — aventurou Erwin —, podiam não passar de manifestações individuais de um substrato eterno.

Ele estava a ponto de dar por concluída sua exposição quando Debye o interrompeu bruscamente. Essa forma de tratar as ondas — lhe disse — era bastante estúpida. Uma coisa era dizer que a matéria era feita de ondas e outra, muito diferente, era explicar *como* ondulavam. Se Herr Schrödinger pretendia falar com um mínimo de rigor, precisava ter uma equação de ondas. Sem ela, a tese de De Broglie era igual à monarquia francesa, tão encantadora como inútil.

Schrödinger voltou para casa com o rabo entre as pernas. Debye podia ter razão, mas seu comentário não apenas tinha sido grosseiro e pedante, mas totalmente mal-intencionado. Holandês de merda, sempre o aborrecera. Bastava ver a forma como Anny olhava para ele. Sem falar em como ele olhava para ela... Canalha! — gritou Erwin trancado em seu escritório. *Leck mich am Arsch! Friss Scheiße und krepier!* Chutou os móveis e jogou os livros, até que um ataque de tosse o deixou de joelhos, ofegante a centímetros do chão, com seu lenço enfiado na boca. Ao retirá-lo, viu a mancha de sangue, como uma rosa enorme com as pétalas abertas, signo inequívoco de uma recaída da tuberculose.

Schrödinger chegou à clínica da vila Herwig pouco antes do Natal e jurou não retornar a Zurique sem uma equação que calasse a boca de Debye.

Instalou-se no mesmo quarto que ocupava sempre, ao lado do quarto da filha do diretor, o dr. Otto Herwig, que dividira a clínica em uma ala para pacientes críticos e outra para os casos similares ao de Schrödinger. O doutor vivia sozinho, cuidando de sua filha adolescente, depois da morte da esposa por complicações no parto. A menina padecia de tuberculose desde os quatro anos e o pai se culpava pela sua desgraça;

ela tinha crescido engatinhando entre os joelhos dos doentes. A jovem vira centenas de pessoas morrerem afetadas pela mesma doença que ela tinha, e talvez por isso irradiasse uma calma sobrenatural, um ar diáfano e extramundano que só se via perturbado durante os episódios em que a bactéria acordava em seus pulmões. Então ela percorria os corredores do centro com seus vestidos manchados de sangue, tão esquelética que os ossos de suas clavículas pareciam a ponto de perfurar a pele, como se fossem os chifres de um cervo crescendo no início da primavera.

A primeira vez que Schrödinger a vira, a menina tinha só doze anos, mas inclusive com essa idade ela o deslumbrara. Nisso Erwin não era diferente do resto dos pacientes, que viviam enfeitiçados pela estranha criatura e pareciam coordenar seus ciclos de doença e remissão com os da srta. Herwig. Seu pai o considerava o mais misterioso de todos os fenômenos que lhe coubera observar ao longo de sua carreira e o comparava com outros espetáculos do reino animal, como o voo sincronizado dos estorninhos, o surto orgiástico das cigarras ou a súbita transformação que se apodera dos gafanhotos, insetos solitários e mansos que deformam suas proporções e alteram seu caráter, até se transformarem em uma praga insaciável, capaz de arrasar uma região inteira para em seguida morrer em massa, fertilizando o ecossistema com um excesso de nutrientes tão grande que os pombos, os corvos, os patos, as pegas e os melros os devoram até ficarem incapazes de empreender o voo. Se sua filha estava sã, o doutor podia apostar que não perderia nenhum de seus pacientes; quando ela estava doente, sabia que logo teria camas livres. A menina estivera perto de morrer em mais de uma oportunidade. Então a doença a transformava da noite para o dia; perdia tanto peso que parecia encolher à metade de seu tamanho, seu cabelo loiro se tornava fino como o de um recém-nascido, enquanto sua pele, que em um dia normal era tão branca como a de um cadáver, se tornava praticamente transparente. Esse ir e vir entre o mundo dos vivos e dos mortos privara a menina dos prazeres da infância, outorgando-lhe, pelo contrário, uma sabedoria que ultrapassava em muito a de sua idade. Prostrada na cama durante meses, não só tinha lido os volumes científicos da biblioteca do pai, mas também os livros abandonados pelos pacientes que tinham alta e aqueles que ganhava de presente dos doentes crônicos. Graças a suas ecléticas leituras e ao confinamento constante, a jovem tinha uma mente incomumente esperta e uma curiosidade insaciável; durante a visita anterior de Schrödinger, ela o acossara com perguntas sobre os avanços mais recentes da física teórica, dos quais parecia estar completamente por dentro, embora não tivesse quase nenhum contato com o mundo exterior e nunca tivesse se aventurado para além dos arredores do centro. Com apenas dezesseis anos, a srta. Herwig tinha a mentalidade, o porte e a presença de uma mulher muito mais velha. Já Schrödinger era completamente o oposto.

Próximo de fazer quarenta anos, mantinha seu aspecto juvenil e uma atitude adolescente. Diferentemente de seus coetâneos, cultivava a informalidade e costumava se vestir mais como um estudante do que como um professor, o que com frequência lhe trazia problemas: em uma ocasião, o porteiro de um hotel em Zurique lhe negou um quarto reservado em seu nome, depois de confundi-lo com um vagabundo; em outra, os guardas tentaram impedir que entrasse em uma prestigiosa conferência científica — para a qual tinha sido convidado — ao vê-lo chegar com o cabelo cheio de pó e os sapatos cobertos por uma crista de lama, depois de ter atravessado as montanhas a pé, em vez de tomar o trem como qualquer cidadão respeitável. O dr. Herwig conhecia perfeitamente o caráter pouco convencional de Schrödinger, que costumava levar suas amantes para o centro, mas apesar disso (ou talvez por causa disso) o respeitava enormemente e, sempre que a saúde de Schrödinger o permitia, realizavam longos passeios de esqui ou escalavam as montanhas no entorno. Daquela vez, a chegada do físico coincidira com o desejo do médico de que sua filha enfim se integrasse à vida em sociedade. Para isso, ele a inscrevera no instituto para senhoritas mais prestigioso de Davos, mas a jovem tinha sido reprovada na prova de matemática do exame de ingresso. Assim que Schrödinger pôs os pés no centro, o médico o abordou e lhe perguntou se por acaso ele poderia dedicar algumas horas à sua filha, como tutor, se sua saúde e seu trabalho pessoal o permitissem, é claro. Schrödinger se negou da maneira mais cordial que pôde e depois correu escada acima, subindo os degraus de dois em dois, impulsionado por algo que começara a tomar forma na sua imaginação no minuto em que sentiu o ar rarefeito da montanha alta, já que sabia que qualquer distração, por mais leve que fosse, podia desfazer o encanto.

Entrou no quarto e se sentou na escrivaninha sem tirar nem o casaco nem o chapéu. Abriu o caderno e começou a anotar suas ideias, primeiro de forma lenta e desorganizada e depois a uma velocidade maníaca, cada vez mais concentrado, até que tudo que o rodeava pareceu desaparecer. Trabalhou durante horas, sem se levantar da cadeira, com um formigamento que percorria sua espinha de cima a baixo, e só quando o Sol despontou no horizonte e ele já não conseguia ver o papel devido ao cansaço, arrastou-se para a cama e adormeceu com os sapatos nos pés.

Acordou sem saber onde estava. Tinha os lábios partidos e um zumbido nas orelhas. A cabeça doía como se tivesse passado a noite bebendo. Abriu a janela para que o ar frio o despertasse e depois se acomodou na escrivaninha, ansioso para revisar o fruto de sua epifania. Ao folhear as notas, seu estômago embrulhou. Que merda era aquela? Leu de frente para trás e depois de trás para a frente, mas nada fazia sentido para ele. Não entendia seus próprios raciocínios, não entendia como se passava de um passo ao seguinte. Na última página, encontrou o esboço de uma equação similar à que estava procurando, mas não tinha nenhuma conexão aparente com o que a antecedia. Era como se alguém tivesse entrado em seu quarto enquanto dormia e a tivesse deixado ali, como uma charada impossível de ser resolvida, só para torturá-lo. O que na noite anterior sentira como o arrebatamento intelectual mais importante de sua vida lhe pareceu pouco mais do que o desvario de um físico amador, um triste episódio de megalomania. Esfregou as têmporas para tentar acalmar os nervos e afugentar a imagem mental de Debye e Anny rindo dele, mas seu coração afundou no peito. Lançou o caderno contra a parede com tanta força que as folhas descolaram da lombada e se esparramaram pelo quarto todo. Completamente irritado consigo mesmo, trocou de roupa, desceu até o refeitório com a cabeça baixa e se sentou na primeira cadeira que encontrou desocupada.

Ao chamar o garçom para pedir um café, percebeu que topara com o turno dos doentes graves.

A primeira coisa que notou da anciã sentada à sua frente foram seus longos dedos, esculpidos por séculos de riqueza e privilégio, segurando uma xícara de chá na frente de um rosto cuja metade inferior tinha sido completamente carcomida pela bactéria da tuberculose. Schrödinger tentou dissimular o nojo, mas não conseguiu tirar os olhos dela, fulminado pelo temor de que seu próprio corpo sucumbisse à deformidade que afetava uma porcentagem ínfima dos doentes, cujos gânglios linfáticos inchavam como cachos de uvas. O desconforto da senhora afetou toda a mesa; em questão de segundos, os comensais — homens e mulheres tão deformados quanto ela — olhavam para o físico como se fosse um cachorro cagando no corredor de uma igreja. Schrödinger ia se retirar quando sentiu uma mão roçando sua coxa, debaixo da toalha branca. Não foi uma carícia erótica, mas seu efeito foi similar ao de uma descarga elétrica e o fez recuperar a compostura imediatamente. Virou-se para a dona da mão, cujos dedos continuavam pousados perto do seu joelho como uma borboleta com as asas dobradas e viu que era a filha do dr. Herwig. Schrödinger não se atreveu a sorrir por medo de espantá-la e, depois de lhe agradecer o gesto com o olhar, concentrou-se em beber seu café, tentando não mexer um músculo, enquanto a calma se espalhava ao redor da mesa, como se a menina não tivesse tocado só nele, mas em todos ao mesmo tempo. Quando a única coisa que dava para ouvir era o suave tilintar de pratos e talheres, a srta. Herwig retirou a mão. Ela ficou de pé, alisou as dobras do vestido e se dirigiu para a porta, detendo-se só para cumprimentar um par de crianças, dois gêmeos que se penduraram no seu pescoço e se recusaram a soltá-la até ela dar um beijo em cada um. Schrödinger pediu um segundo café, mas não foi capaz de tomá-lo. Ficou sentado até que todos abandonaram o salão e depois se dirigiu à recepção, pediu papel e lápis e escreveu uma nota para o dr. Herwig para lhe dizer que não apenas estaria disposto a ajudar sua filha, mas que seria um verdadeiro prazer.

Para não alterar os horários de trabalho de Schrödinger, o dr. Herwig propôs a ele que as aulas acontecessem no quarto da menina, que se comunicava diretamente com a do físico através de uma porta. No dia da primeira aula, Schrödinger passou a manhã inteira se arrumando. Tomou banho de tina, se barbeou e antes de se pentear considerou deixar o cabelo revolto, mas depois decidiu que deveria apresentar uma imagem mais formal, já que sabia que as mulheres gostavam de sua testa ampla e descoberta. Saboreou um almoço leve e às quatro da tarde escutou o barulho do trinco do outro lado da porta, seguido de duas batidinhas leves na madeira que lhe geraram o começo de uma ereção, de modo que teve que se sentar e esperar uns minutos antes de segurar a maçaneta e entrar no quarto da srta. Herwig.

O cheiro de madeira inundou o nariz de Schrödinger assim que ultrapassou a porta, embora mal desse para ver o carvalho que cobria as paredes, já que estavam cobertas por centenas de escaravelhos, libélulas, borboletas, grilos, aranhas, baratas e vaga-lumes, atravessados por alfinetes dentro de pequenos domos de cristal que imitavam seus habitats naturais. No meio desse gigantesco insetário, a srta. Herwig o esperava sentada atrás de uma escrivaninha, olhando-o como se fosse um novo exemplar de sua coleção. A jovem irradiava tal autoridade que por uma fração de segundo Erwin se sentiu como um estudante tímido diante de uma professora impaciente por conta de seu atraso; lhe fez uma reverência exagerada e ela não pôde evitar sorrir. O físico notou seus dentes pequenos, sendo os da frente levemente separados, e só nesse momento a viu como o que realmente era: pouco mais do que uma menina. Envergonhado pelas fantasias que vinha incubando desde o encontro no refeitório, Schrödinger aproximou uma cadeira e imediatamente começaram a estudar os problemas do exame de ingresso. A menina tinha uma mente rápida e Erwin se surpreendeu com o quanto sua companhia lhe dava prazer, ainda que seu desejo parecesse ter desvanecido. Trabalharam durante duas horas, quase sempre em silêncio, e quando ela resolveu o último exercício, combinaram o horário da próxima aula, e a menina lhe ofereceu uma xícara de chá. Schrödinger bebeu enquanto a jovem lhe mostrava os insetos que seu pai caçava e que ela mesma se encarregava de preparar e preservar. Quando ela insinuou que não queria mais gastar o seu tempo, Schrödinger percebeu que anoitecera. Despediu-se à soleira da porta com a mesma genuflexão do início e, embora a srta. Herwig tenha sorrido de novo para ele como da primeira vez, Erwin chegou ao seu quarto se sentindo completamente ridículo.

Estava exausto pela noite passada em claro, mas não conseguia dormir. Ao fechar os olhos, a única coisa que via era a srta. Herwig debruçada sobre a sua escrivaninha, enrugando o nariz e umedecendo os lábios com a ponta da língua. Levantou-se sem vontade e recolheu as páginas que jogara no chão na manhã anterior. Tentou colocá-las em ordem, mas até isso lhe custou um enorme esforço. Não conseguia decifrar que argumento levava a que resultado; a única coisa clara era a equação contida na última página — que parecia capturar de forma perfeita o movimento de um elétron no interior do átomo —, embora parecesse não estar conectada com nada do que tinha escrito antes. Nunca algo assim acontecera com ele. Como criara algo que nem mesmo ele conseguia entender? Era absurdo! Enfiou as folhas entre as capas desconjuntadas do caderno e o trancou dentro de uma gaveta. Sem querer se dar por vencido, trabalhou em um artigo que começara seis meses antes, no qual analisava um estranho fenômeno sonoro que experimentara durante a guerra: depois de uma grande explosão, as ondas de som se atenuavam à medida que se afastavam do ponto de origem, mas voltavam a crescer em intensidade de repente, a uns cinquenta quilômetros de distância, onde pareciam renascer com mais força do que no início, como se tivessem retrocedido no tempo ao avançar no espaço. Para Schrödinger, que às vezes era capaz de escutar o coração das pessoas à sua volta bater, essa retomada inexplicável de um som extinto era fascinante, porém, por mais que tenha tentado, não conseguiu trabalhar por mais de vinte minutos sem que seus pensamentos retornassem à srta. Herwig. Voltou para a cama e se encheu de comprimidos para dormir. Essa noite teve dois pesadelos: no primeiro, uma onda gigantesca rompia os vidros de sua janela e inundava seu quarto até o teto; no segundo, Schrödinger boiava em um mar agitado, a poucos metros da praia. Estava exausto e mal podia manter o nariz fora d'água, mas não se atrevia a sair dali: na areia era esperado por uma mulher linda, com a pele tão negra como o carvão, dançando sobre o cadáver do seu esposo.

Apesar dos seus sonhos, acordou animado e cheio de energia; sabia que a srta. Herwig o esperava às onze. No entanto, quando a viu, percebeu que ela não estava em condições de suportar uma aula. Pálida e com olheiras, ela lhe explicou que passara grande parte da noite ajudando o pai a observar como uma fêmea de pulgão dava à luz dezenas de pequenos filhotes. O maravilhoso e horrível do processo — disse a menina a ele — é que as crias começavam a parir seus próprios filhotes quando tinham apenas algumas poucas horas de vida; essas novas criaturas tinham sido gestadas dentro delas quando estavam no interior do corpo da mãe primigênia.

As três gerações se aninhavam uma dentro da outra, como uma boneca russa terrível, formando um superorganismo que mostrava a tendência da natureza para a superabundância, a mesma que leva certas aves a chocar mais filhotes do que podem alimentar, obrigando o mais velho a assassinar os irmãos, empurrando-os para fora do ninho. O caso de algumas espécies de tubarão era ainda pior, ela lhe explicou, já que pequenos cações eclodiam vivos dentro do ventre da mãe, com os dentes desenvolvidos o bastante para poder devorar os que nasciam depois; essa predação fratricida lhes dava os nutrientes necessários para sobreviver durante as primeiras semanas de vida, quando eram tão vulneráveis que podiam ser isca dos mesmos peixes dos quais se alimentariam se conseguissem chegar à fase adulta. Seguindo as instruções do pai, a srta. Herwig tinha separado membros de cada uma das três gerações de pulgões em frascos para expô-los a um pesticida que tingiu o vidro de um tom azul tão lindo que ele teve a impressão de estar vendo a cor original do céu. Os insetos tinham morrido de forma instantânea, e ela sonhara a noite toda com suas patinhas cobertas do pó azulado, de modo que mal conseguira descansar. Não se sentia capaz de prestar atenção em uma aula, disse a ele, mas será que Herr Schrödinger a acompanharia em um passeio em volta do lago, para ver se o ar frio lhe devolvia as forças?

Do lado de fora, o inverno dominava a paisagem. As margens do lago estavam congeladas e Schrödinger se distraiu recolhendo pequenos pedaços de gelo que se dissolviam lentamente no calor de suas mãos. Quando rodearam o extremo mais afastado do lago, a srta. Herwig lhe perguntou no que estava trabalhando. Schrödinger falou a ela das ideias de Heisenberg e da tese de De Broglie e depois lhe explicou a suposta epifania que tivera durante sua primeira noite no centro e sua estranha equação. À primeira vista, ela se parecia muito com as que a física empregava para analisar as ondas do mar ou a dispersão do som através do ar; no entanto, para que funcionasse no interior do átomo, aplicada ao movimento dos elétrons, Schrödinger tivera que incluir um número complexo em sua fórmula: a raiz quadrada de menos um. Na prática, isso significava que uma parte da onda que sua equação descrevia saía das três dimensões do espaço. Suas cristas e vales viajavam por múltiplas dimensões, em um reino altamente abstrato, que só podia ser descrito com a matemática pura. Por mais lindas que fossem, as ondas de Schrödinger não eram parte deste mundo. Para ele estava claro que sua nova equação descrevia os elétrons como se fossem ondas. O problema era entender que diabos estava ondulando! Enquanto ele falava, a srta. Herwig tinha se sentado em um banco de madeira à beira do lago. Quando o físico se acomodou junto dela, a jovem abriu o livro que trazia entre as mãos e leu uma passagem em voz alta: "Um fantasma se segue ao seguinte como as ondas sobre o mar ilusório do nascimento e da morte. No transcurso da vida não há nada, salvo a gangorra das formas materiais e mentais, enquanto a realidade insondável permanece. Em cada criatura dorme a inteligência infinita, desconhecida e oculta, mas destinada a acordar, rasgar a rede vaporosa da mente sensual, romper sua crisálida de carne e conquistar o tempo e o espaço". Schrödinger reconheceu as mesmas ideias que o obcecavam havia anos, e ela lhe disse que, durante o inverno anterior, um escritor passara uma temporada no centro, depois de viver quatro décadas no Japão, onde se convertera ao budismo; ele lhe dera suas primeiras lições de filosofia oriental. Schrödinger e a srta. Herwig passaram o resto da tarde falando de hinduísmo, do vedanta e do Grande Veículo do mahayana com o entusiasmo de duas pessoas que descobrem, sem aviso prévio, que compartilham um segredo. Quando viram o lampejo de um raio iluminando o fundo da montanha, a srta. Herwig disse que deviam voltar imediatamente ao centro, já que era certo que a tempestade cairia sobre eles. Schrödinger tentou encontrar algum motivo para não se separar dela. Não era a primeira vez que ficava obcecado por uma mulher tão jovem, mas havia algo diferente na srta. Herwig, algo que o desarmava e lhe tirava toda a confiança em si mesmo, tanto que ao chegar às escadas do centro não soube se deveria lhe oferecer o braço para que ela se apoiasse nele, e ao duvidar escorregou na beira de um degrau e torceu o tornozelo. Tiveram que carregá-lo até seu quarto, com o pé tão inchado que ela teve que ajudá-lo a tirar os sapatos para que ele pudesse se enfiar na cama.

Nos dias seguintes, a srta. Herwig cumpriu os papéis de enfermeira e aluna. Levava-lhe as refeições, entregava-lhe o jornal de manhã e o obrigava a tomar os remédios que seu pai lhe receitara, oferecendo-lhe o ombro como apoio para que ele pudesse pular até o banheiro. Schrödinger sentia falta desse breve contato e chegou a beber três litros de água por dia só para ter uma desculpa para senti-la perto, sem se importar com a dor que esses deslocamentos desnecessários lhe causavam. Durante as tardes, continuaram com as aulas. No primeiro dia, ela ocupou uma cadeira aos pés da cama, mas Schrödinger tinha que fazer muito esforço para ver o caderno de exercícios, de modo que ela acabou sentada ao seu lado, tão perto que ele podia sentir o calor que emanava do seu corpo. Mal conseguia resistir à sua ânsia de tocá-la, mas tentava se manter completamente imóvel para que a menina não se espantasse, embora ela não parecesse se incomodar nem um pouco com essa familiaridade excessiva. Schrödinger se masturbava assim que ela saía do quarto, quando ainda conseguia fechar os olhos e vê-la sentada ao seu lado, embora depois tivesse um ataque de culpa horroroso. Não podia ir até o banheiro sem sua ajuda, então tinha que se limpar com uma toalha que escondia debaixo da cama, como se ainda fosse um adolescente morando na casa dos pais. Cada vez que o fazia, prometia a si mesmo que no dia seguinte falaria com o dr. Herwig para suspender as aulas. Depois ligaria para sua mulher para que ela fosse buscá-lo, e nunca mais colocaria os pés no centro, mesmo que tivesse que morrer tossindo na rua que nem um vagabundo. Qualquer coisa era melhor do que continuar suportando essa paixão infantil, que só crescia à medida que passavam mais tempo juntos. Quando ela lhe deu de presente um belo exemplar ilustrado do Bhagavad Gita, ele se atreveu a lhe confessar um sonho recorrente que o torturava desde que começara a estudar os Vedas.

Em seu pesadelo, a enorme deusa Kali se sentava sobre seu peito como um escaravelho gigante, amassando-o sem que ele pudesse se mexer. Enfeitada com seu colar de cabeças humanas e empunhando espadas, foices e facas em seus múltiplos braços, a divindade o salpicava com gotas de sangue que caíam da ponta da sua língua e jorros de leite que brotavam de seus peitos inchados, esfregando a parte interna da sua coxa até que Schrödinger não conseguia mais suportar a excitação, momento no qual o decapitava e consumia seus genitais. A srta. Herwig o escutou sem se alterar e lhe disse que seu sonho não era um pesadelo, mas uma bendição: de todas as formas adotadas pelo aspecto feminino da divindade, Kali era a mais compassiva, já que outorgava *moksha* — a liberação — a seus filhos, pelos quais sentia um amor para além de toda compreensão humana. Sua pele negra, ela lhe disse, era o símbolo do vazio que transcende as formas, o útero cósmico onde todos os fenômenos se gestavam, enquanto seu colar de caveiras eram os egos que ela liberara do principal objeto da identificação, que não é outro além do corpo. A castração que Schrödinger sofria nas mãos da Mãe Escura era o maior presente que se podia ganhar, uma mutilação necessária para que brotasse sua nova consciência.

Confinado na cama durante horas sem nada para se distrair, Schrödinger começou a conquistar avanços consideráveis em sua equação. Seu poder e alcance começaram a se tornar evidentes à medida que ia se aproximando de uma versão final, embora o que ela significava em termos físicos lhe parecesse cada vez mais estranho e indecifrável. Em seus cálculos, o elétron aparecia espalhado como uma nuvem em torno do núcleo, oscilando como uma onda presa entre as paredes de uma piscina. Mas essa onda era um fenômeno real ou só um truque para calcular onde estaria o elétron de um momento a outro? Mais difícil de entender era o fato de que sua equação não mostrava uma onda individual para cada elétron, mas uma enorme variedade de ondas superpostas. Todas descreviam o mesmo objeto ou cada uma representava um mundo possível? Schrödinger contemplou a segunda possibilidade; essas múltiplas ondas seriam a primeira visão de algo completamente novo, cada uma era o breve lampejo de um universo que nascia quando o elétron pulava de um estado para outro, ramificando-se até povoar o infinito, como as joias da rede de Indra. Mas algo assim era impensável. Por mais que se esforçasse, não entendia como tinha se afastado tanto de sua intenção original. Ele queria simplificar o mundo subatômico, procurando um atributo comum a todas as coisas, mas só criara um mistério maior. O desânimo impediu que ele continuasse trabalhando e a única coisa na qual conseguiu pensar, além da dor no tornozelo, foi o corpo da srta. Herwig, que faltara às aulas nos últimos dois dias para ajudar o pai a organizar as celebrações de Natal.

Na véspera de Natal, todos os pacientes do centro — sem importar quão doentes estivessem — participavam de uma festa que se tornara mais elaborada à medida que os anos passavam. A celebração incluía tradições de toda a Europa e inclusive para além do Levante, pequenos rituais pagãos que se perdiam no tempo e que não celebravam a vinda de Cristo, mas o solstício de inverno, o regresso da luz depois da noite de 21 de dezembro, a mais longa e escura do ano no hemisfério Norte. A rotina inflexível dos doentes se detinha e, como nas Saturnálias romanas, os pacientes percorriam os corredores seminus, soprando apitos, batendo em tambores e sacudindo sinos, para depois escolher suas fantasias e participar de um grande banquete. Schrödinger odiava a celebração e a primeira coisa que fez quando a srta. Herwig entrou no seu quarto para retomar as aulas foi se queixar de que o barulho infernal desse carnaval de imbecis não o deixaria dormir durante toda a noite. Diante do olhar atônito do físico, ela tirou os brincos, levou-os à boca e separou as pérolas do fecho com uma mordidinha; as secou com a bainha do vestido, inclinou-se sobre o físico e as colocou dentro de suas orelhas. Explicou que fazia isso quando tinha enxaqueca e insistiu que ele ficasse com elas, como agradecimento pelo tempo que tinha lhe dedicado. Erwin perguntou se ela pensava em participar da festa daquele ano, imaginando-a nua e mascarada, embora soubesse que jamais o fazia. Ela lhe confessou que odiava o Natal; era uma das temporadas em que mais pessoas morriam no centro e nem a bebedeira da festa ou o frenesi da dança lhe permitiam esquecer tanta morte. Schrödinger ia responder, mas ela se deixou cair para trás sobre a cama, como se tivesse recebido um tiro no meio do peito. "Sabe qual é a primeira coisa que eu vou fazer quando sair daqui?", ela perguntou, com um sorriso iluminando seu rosto. "Ficarei bêbada e me deitarei com o homem mais feio que eu encontrar." "Por que o mais feio?", perguntou Schrödinger, tirando as pérolas dos ouvidos. "Porque quero que essa primeira vez seja só para mim", disse, virando o pescoço para olhá-lo nos olhos. Schrödinger perguntou a ela se por acaso nunca tinha estado com um homem. "*Nem homem, nem mulher, nem animal, nem ave, nem besta, nem deus nem demônio; nem ser material nem membro incorpóreo; nem aquilo, nem isso, nem o outro*", recitou a srta. Herwig, erguendo-se pouco a pouco da cama, como se fosse um cadáver voltando lentamente para o mundo dos vivos. Schrödinger foi incapaz de continuar se contendo: disse-lhe que ela era a criatura mais fascinante que conhecera e que se sentia possuído desde que ela o tocara no refeitório. O pouco tempo que tinham passado juntos tinha sido a maior felicidade de seus últimos dez anos de vida e só de pensar nela se enchia de energia. A mera ideia de ter que voltar para Zurique o aterrorizava, já que estava convencido de que ela passaria na prova de ingresso e partiria para o internato, onde nunca mais voltaria a vê-la. A srta. Herwig mal se alterou enquanto ele falava e manteve o olhar fixo na janela; do outro lado do vidro, uma fila interminável de pequenas luzes subia pelo caminho do fundo do vale em direção ao cume do Weisshorn, milhares de tochas que brilhavam com maior intensidade à medida que a peregrinação avançava e o sol se escondia no horizonte. "Quando eu era criança, eu sentia um medo incontrolável da escuridão", disse por fim. "Passava a noite toda acordada, lendo à luz das velas que meu avô me dava de presente, e só conseguia adormecer quando começava a amanhecer. Nessa época, eu era tão frágil que meu pai não se atrevia a me botar de castigo; sua solução foi me dizer que a luz era um recurso finito. Se eu a utilizasse demais, acabaria, e a escuridão reinaria sobre todas as coisas. Esse medo de uma noite sem fim conseguiu me convencer de apagar minhas velas, mas acabei adotando o costume, ainda mais estranho, de ir para a cama antes de anoitecer. No verão não era difícil, o sol se punha tarde e eu podia aproveitar o dia todo, mas durante o inverno devia estar na cama poucas horas depois do almoço, de modo que passava mais tempo dormindo do que acordada. A pior noite do ano era esta, a do solstício de inverno. As poucas crianças do centro ficavam brincando até a meia-noite, dançando e correndo pelos corredores, enquanto eu devia esperar até a manhã seguinte para recolher os doces que tinham se perdido no meio da escuridão e trançar coroas com o ouropel pisoteado das decorações. Eu tinha nove anos quando decidi enfrentar o medo. Neste mesmo quarto, diante desta mesma janela, fiquei de pé à medida que o sol desabava no horizonte, tão veloz que parecia puxado por uma força que superava a simples gravidade, como se quisesse se extinguir de uma vez por todas, cansado do próprio brilho. Estava a ponto de me enfiar embaixo dos lençóis quando vi as tochas no caminho. Pensei que era minha imaginação, porque nesse tempo costumava confundir meus sonhos com a realidade, mas à medida que as luzes iam subindo consegui distinguir as silhuetas daqueles que as carregavam. Quando atearam fogo em uma gigantesca efígie de madeira, vi os homens e as mulheres que dançavam ao seu redor; ao abrir as janelas, escutei os cantos, transportados com absoluta clareza pelo ar gelado da montanha. Eu me vesti o mais rápido que pude e implorei ao meu pai que me levasse até a pira ardente. Sua surpresa foi tão grande ao me ver acordada de noite que deixou tudo para me acompanhar. Caminhamos juntos, de mãos dadas, com minha palma suando contra a sua apesar do frio, e fizemos isso de novo ano após ano, sem importar o clima ou o estado de minha saúde, como se fosse um pacto que tivéssemos que restabelecer toda vez. Essa é a primeira noite em que não iremos. Não é mais necessário: esse mesmo fogo se acendeu dentro de mim e está consumindo tudo o que eu costumava ser. Não sinto mais as coisas como antes. Não tenho laços que me atem aos outros, nem lembranças para entesourar, nem sonhos que me impulsem a seguir adiante. Meu pai, a clínica, o país, as montanhas, o vento, as palavras que saem de minha boca me parecem coisas tão alheias como os sonhos de uma mulher morta há milhões de anos. Esse corpo que o senhor vê acordado come, cresce, anda, fala e sorri, mas não resta mais nada dentro dele, a não ser cinzas. Perdi o medo da noite, Herr Schrödinger, e o senhor deveria fazer o mesmo." A srta. Herwig se levantou da cama e andou até seu quarto. Deteve-se um instante no umbral da porta, apoiando o peso do corpo contra o batente, como se de repente tivesse perdido todas as suas forças. Schrödinger rogou a ela que não fosse embora e tentou ficar de pé para alcançá-la, mas, antes que pudesse dar um passo, ela tinha fechado a porta atrás de si.

Schrödinger passou o resto da noite com as pérolas nos ouvidos, incapaz de esquecer a imagem da jovem as levando até a boca. Seus lábios crispados mordendo o fecho. O brilho de sua baba ao retirá-las. Humilhado por sua confissão e desesperado por sua incapacidade de dormir, tirou-as e começou a se masturbar com elas na palma da mão. Ao ejacular, escutou a srta. Herwig sofrer um ataque de tosse que parecia não acabar nunca e foi mancando até a pia, com nojo de si mesmo. Lavou as pérolas várias vezes, deixando que a água lhes devolvesse o brilho antes de colocá-las de volta nos ouvidos, não mais para se proteger da bagunça das celebrações, mas do pigarro interminável de sua vizinha, que ele escutou a noite toda, sem saber se esse penoso staccato provinha da garganta da mulher que amava ou de sua própria imaginação, já que ao acordar na manhã seguinte não só continuava a ouvi-lo, tão regular e enlouquecedor como uma goteira, mas parecia ter grudado dentro de seu próprio corpo, porque não podia se mexer sem tossir até ficar ofegante.

Entregou-se à rotina dos doentes.

Boiou em piscinas, dormiu ao ar livre coberto com peles, queimou os pulmões com o ar glacial da montanha e o calor abrasador das saunas; deixou que massageassem suas costas com óleos e o torturassem com ventosas, arrastando-se de uma sala à seguinte com o resto dos internos, sentindo o consolo de quem vê toda a sua vida reduzida à repetição inflexível do tratamento. O único benefício real que sentiu como produto de tudo aquilo foi uma recuperação quase milagrosa do tornozelo. Logo conseguiu andar sem ter que se apoiar em uma bengala, o que lhe permitiu passar o menor tempo possível no quarto; um alívio considerável, já que era capaz de ouvir as queixas e os gemidos de dor de sua vizinha tão claro quanto se estivessem deitados na mesma cama. De noite, ia dormir com uma moça que trabalhava como salva-vidas na piscina do centro, com a qual Schrödinger e outros pacientes se deitavam em troca de dinheiro, um arranjo que o dr. Herwig tolerava. Durante o dia, quando não tinha que assistir ao tratamento, Schrödinger perambulava pelo centro como um sonâmbulo, percorrendo os intermináveis corredores enquanto tentava não pensar na srta. Herwig, em sua equação ou em sua mulher, que certamente passara as últimas semanas trepando sem parar, enquanto ele fantasiava com uma adolescente. Pensou nas aulas que teria que retomar assim que se recuperasse, no tédio da repetição, nos olhares vazios de seus alunos e na textura do giz se desfazendo entre seus dedos, e de repente pareceu que podia ver toda a sua vida futura como se fossem cenas paralelas e simultâneas, um leque de probabilidades que se bifurcava em todos os caminhos possíveis; em um, ele e a srta. Herwig fugiam para começar uma vida juntos; em outro, sua saúde piorava subitamente e ele morria no centro, afogado no próprio sangue; em um terceiro, sua mulher o deixava, mas seu trabalho florescia. Mas na maior parte deles Schrödinger continuava o caminho que tinha empreendido até então, continuava casado com Anny e trabalhava como professor até que a morte o alcançava em alguma universidade desconhecida da Europa. Abatido pela depressão, desceu até o primeiro andar e saiu no terraço para tomar um pouco de ar fresco. Não estava preparado para a desolação que viu do lado de fora. Parecia que alguém apagara o mundo. Onde antes estava o lago, rodeado de árvores e cingido pelo perfil distante das montanhas, agora havia só um enorme manto mortuário, uma camada de neve tão branca e uniforme que não permitia distinguir um traço em toda a paisagem. Os caminhos deviam estar todos bloqueados. Schrödinger não podia deixar o centro mesmo que quisesse. Voltou para dentro com uma sensação de confinamento e claustrofobia que mal conseguia suportar.

Sua saúde foi piorando à medida que o Ano-Novo se aproximava. Quando a febre se apoderou do seu corpo, teve que suspender as caminhadas e se resignar a voltar para a cama. Sentia a pele em carne viva, e até o roçar dos lençóis o incomodava. Se fechava os olhos, podia ouvir o tilintar das colheres no refeitório, o movimento das peças de xadrez na sala de jogos, o chiado das panelas de pressão na cozinha. Em vez de evitá-los, concentrava-se neles para afogar o som da respiração da srta. Herwig, esse fiozinho de ar que mal entrava pela sua garganta inflamada, incapaz de encher seus pulmões. Erwin tinha que conter sua vontade de derrubar a porta que os separava e segurar a menina doente em seus braços, mas não conseguia reunir energia suficiente sequer para dar um título ao artigo em que formalizara sua equação. Decidira publicá-la como estava e que fossem outros a desentranhar seu significado, se é que o tinha. Francamente, já não lhe importava: cada vez que a srta. Herwig tossia, ele era sacudido por um ataque espasmódico incontrolável. O mesmo recrudescimento parecia afetar toda a clínica. O pessoal da limpeza não vinha arrumar seu quarto havia dois dias, mas, quando ligou para a recepção para se queixar, informaram que todos estavam ocupados com casos mais graves do que o dele. Naquela manhã, duas crianças morreram: os gêmeos que Erwin vira no refeitório, pendurados no pescoço da srta. Herwig. Schrödinger não conseguiu expressar sua raiva e se limitou a pedir que lhe avisassem assim que os caminhos estivessem liberados. Pensava em ir embora o mais cedo possível.

No dia seguinte, desencadeou-se uma tempestade de neve. Schrödinger passou a manhã toda na cama, vendo como os flocos iam se acumulando sobre a beirada da janela, até que adormeceu de novo. Foi acordado quando bateram na sua porta. O físico se levantou com o cabelo revolto e o pijama manchado com restos de comida, mas o homem que viu ao abrir tinha um aspecto infinitamente pior; o dr. Herwig parecia um dos soldados que Schrödinger vira voltar das trincheiras, com os olhos velados pelas nuvens de gás mostarda. Seu anfitrião lhe pediu desculpas pela bagunça imperdoável de seu quarto. O centro atravessava uma verdadeira crise. Na recepção tinham lhe informado sobre sua intenção de partir, ele vinha apenas lhe transmitir uma mensagem da filha: será que seria possível uma última aula antes de partir? O doutor fez seu pedido olhando para o chão, como se estivesse solicitando algo pecaminoso e imperdoável. Schrödinger mal conseguiu dissimular seu entusiasmo. Enquanto o médico lhe dizia que não queria importuná-lo e que entendia perfeitamente se estivesse lhe exigindo demais, Schrödinger se vestia aos tropeções, esclarecendo que não havia inconveniente nenhum, muito pelo contrário, seria um prazer, e podia fazer isso agora mesmo, imediatamente, só precisava de cinco minutos para se pentear, até menos do que isso, se conseguisse encontrar seus sapatos, onde os tinha deixado, merda! O médico o olhou andando para lá e para cá pelo quarto com a expressão indolente de um homem que perdeu aquilo que mais apreciava neste mundo, atitude que Erwin não compreendeu até ver o estado em que se encontrava a srta. Herwig.

Pálida e esquelética, estava afundada no meio de uma enorme pilha de almofadas, que a seguravam como as pétalas de uma flor monstruosa. Parecia tão magra que Schrödinger chegou a se questionar se o tempo não teria transcorrido de forma diferente para os dois; era impossível que um ser humano sofresse uma alteração tão profunda em alguns dias. A pele do pescoço se tornara transparente, e as veias estavam marcadas com tal nitidez que Schrödinger poderia ter medido seu pulso só de olhar para ela. A testa estava perolada de suor, as mãos tremiam pela febre e sua figura parecia ter se encolhido ao porte de uma menina de nove anos. Schrödinger não se atreveu a entrar no quarto. Permaneceu de pé no umbral da porta, com o dr. Herwig esperando atrás dele, até que ela abriu os olhos e olhou para ele com a mesma expressão de repreensão com o qual o recebera na primeira de suas aulas. A jovem pediu ao pai que os deixasse sozinhos e disse a Schrödinger que se sentasse.

Erwin foi pegar uma cadeira, mas ela acariciou o colchão ao seu lado, convidando-o para a cama. Schrödinger não sabia onde colocar os olhos; era incapaz de conciliar a imagem da mulher com quem vinha sonhando e aquela que via agora. Sentiu um alívio gigantesco quando ela lhe pediu que revisasse seu caderno; ela completara sua última prova. Schrödinger olhou os exercícios e no início os números lhe pareceram ininteligíveis; estava tão atordoado que não conseguia resolver as equações escolares simples que ele mesmo inventara para ela. Para dissimular, ele pediu que ela lhe explicasse como chegara a um resultado em particular, o único que tinha certo grau de dificuldade. A srta. Herwig lhe disse que não podia; sua cabeça lhe mostrava o resultado e depois ela tinha que fazer um esforço enorme para voltar atrás e desenvolver os cálculos. Schrödinger confessou a ela que sofria de um problema similar, mas que abandonara essa maneira intuitiva de fazer matemática ao entrar na universidade, para satisfazer a seus professores. Só agora voltara a dar rédeas à sua intuição e tinha chegado tão longe que não sabia como encontrar o caminho de volta. A srta. Herwig perguntou a ele se conseguira avançar na sua equação. Schrödinger ficou de pé e começou a andar de um lado para outro, enquanto falava com ela do aspecto mais estranho de sua fórmula.

À primeira vista, era simples: aplicada a um sistema físico, permitia descrever a evolução de seu desenvolvimento futuro. Se era empregada para uma partícula como o elétron, mostrava todos os seus estados possíveis. O problema residia em seu termo central — a alma da equação —, que Schrödinger tinha representado com a letra grega *psi* — ψ — e batizado como "função de onda". Toda a informação que se quisesse ter sobre um sistema quântico estava codificada na "função de onda". Mas Schrödinger não sabia o que era. Tinha a forma de uma onda, mas não podia ser um fenômeno físico real, já que se mexia fora deste mundo, em um espaço multidimensional. Talvez fosse só uma criatura matemática. A única coisa indubitável era seu poder, praticamente ilimitado. Ao menos em princípio, Schrödinger podia aplicar sua equação ao universo inteiro; o resultado seria uma função de onda na qual estaria encapsulada a evolução futura de todas as coisas. Mas como ia convencer os outros de que algo assim podia existir? ψ não era detectável; não deixaria rastro em nenhum instrumento, não poderia ser capturada pelo aparelho mais engenhoso nem pelo mais avançado de todos os experimentos. Era algo novo, algo cuja natureza era totalmente diferente da do mundo que descrevia com desconcertante precisão. Schrödinger sabia que era a descoberta que tinha almejado durante toda a vida, mas não tinha como explicá-la. Não derivara sua equação de fórmulas anteriores. Não trabalhara com base em nada conhecido. A própria equação era um princípio e sua mente a tinha arrancado do nada. Quando se virou para comprovar se a srta. Herwig tinha conseguido acompanhar seu longo blá-blá-blá, viu que ela estava dormindo profundamente.

Schrödinger a achou tão linda como antes. Afastou as almofadas que a rodeavam para tirar uma mecha de cabelo que lhe caíra sobre o rosto e não conseguiu resistir à vontade de tocá-la. Acariciou seu pescoço, seus ombros, suas clavículas, acompanhou as alças de sua camisola até a curva diminuta dos seios e rodeou o lugar onde imaginava estarem os bicos. Desceu até o umbigo e se deteve a milímetros do púbis, tremendo, sem se atrever a ir adiante. Fechou os olhos e conteve o fôlego, escutando a respiração entrecortada da srta. Herwig. Ao abri-los, ela atirou o lençol que a cobria para cima e ele a viu transformada na deusa de seus pesadelos, um cadáver de pele negra coberto de chagas e feridas supurantes, com a língua pendurada para fora da caveira sorridente, enquanto as mãos abriam os lábios encolhidos da vagina, onde um enorme escaravelho agitava as patinhas, preso em um emaranhado de pelos brancos. A ilusão durou só um instante e depois o lençol cobriu de novo a srta. Herwig, que parecia dormir como se nunca tivesse acordado, mas Schrödinger fugiu apavorado. Recolheu seus papéis e escapou do centro sem pagar a conta, arrastando suas malas contra o vento da tempestade para tentar alcançar a estação de trem, sem saber se os caminhos ainda estavam fechados pela neve.

IV. O reino da incerteza

Em Zurique, Schrödinger não só recuperou a saúde, mas de repente parecia um homem possuído pelo gênio.

Ele ampliou sua equação até transformá-la em uma mecânica completa, desenvolvida em cinco artigos escritos em apenas seis meses, cada um mais brilhante do que o anterior. Max Planck, que fora o primeiro a postular a existência dos quanta de energia, lhe escreveu para dizer que os lera "com o prazer de uma criança que escuta a solução de uma charada que a torturou durante anos". Paul Dirac foi ainda mais longe: o excêntrico gênio inglês, cujas habilidades matemáticas eram lendárias, disse que a equação do austríaco continha praticamente toda a física conhecida até esse momento e — ao menos em princípio — toda a química. Schrödinger tocara a glória.

Ninguém se atreveu a negar a importância da nova mecânica de ondas, embora alguns começassem a se fazer as mesmas perguntas que Schrödinger na vila Herwig. "É uma teoria realmente bonita. Uma das mais perfeitas, precisas e belas que o homem já descobriu. Mas há algo muito estranho nela. É como se estivesse nos advertindo: 'Não me levem a sério. Eu mostro um mundo que não é aquele em que vocês pensam quando me utilizam'", escreveu Robert Oppenheimer, um dos primeiros a questionar o que a função de onda parecia estar dizendo sobre a realidade. Schrödinger se dedicou a viajar pela Europa apresentando suas ideias, colhendo aplausos por toda parte, até que topou com Werner Heisenberg.

No auditório de Munique, o austríaco nem sequer pôde terminar sua apresentação antes de que seu jovem rival se lançasse sobre o palco e começasse a apagar seus cálculos do quadro, substituindo-os por suas matrizes horríveis. Para Heisenberg, o que Schrödinger apresentava era um retrocesso imperdoável. Não era possível usar métodos da física clássica para explicar o mundo quântico. Os átomos não eram simples bolas de gude! Os elétrons não eram gotinhas de água! A equação de Schrödinger podia até ser bela e útil, mas falhava no essencial, ao não reconhecer a radical estranheza dessa escala da matéria. O que enfurecia Heisenberg não era a função de onda (embora, quem diabos sabia o que era isso), mas uma questão de princípios: embora todos estivessem enfeitiçados pela ferramenta que o austríaco lhes dera, ele sabia que era um beco sem saída, um caminho cego que só os afastaria da verdadeira compreensão. Porque nenhum deles se atrevia a fazer o que ele conseguira durante o calvário de Heligolândia: não apenas calcular, mas pensar de forma quântica. Heisenberg gritou cada vez mais alto para tentar se fazer ouvir por cima das vaias do público, sem nenhum sucesso. Já Schrödinger se manteve perfeitamente tranquilo; pela primeira vez na vida, sentia um domínio total sobre suas faculdades. Ele estava tão convencido do valor indubitável de seu trabalho que o chilique do jovem alemão não lhe fez nem cócegas. Antes de o anfitrião do evento tirar Heisenberg aos empurrões, incentivado por todos os presentes, Schrödinger disse a ele que sem dúvida existiam coisas no mundo nas quais não se podia pensar com as metáforas do senso comum, mas a estrutura interna do átomo não era uma delas.

Heisenberg voltou para casa derrotado, embora não tenha se dado por vencido. Durante dois anos, atacou as ideias de Schrödinger em todo tipo de seminários e publicações, mas seu adversário parecia estar tocado pela graça; naquele que pareceu o golpe mortal na briga entre ambos, Schrödinger publicou um artigo que demonstrava que seu enfoque e o de Heisenberg eram matematicamente equivalentes. Aplicados a um problema, davam exatamente os mesmos resultados. Só se tratava de duas maneiras de encarar um objeto, embora a sua tivesse a enorme vantagem de permitir uma compreensão intuitiva. Não era preciso retirar os olhos para ver as partículas subatômicas, como o jovem Heisenberg gostava de dizer: só era preciso fechá-los e imaginar. "Ao discutir as teorias subatômicas", anotou Schrödinger no final do artigo, como se estivesse rindo da cara de Heisenberg, "podemos perfeitamente falar no singular."

A física de matrizes de Heisenberg estava condenada ao esquecimento. Sua epifania em Heligolândia não seria sequer um postscriptum nos anais da ciência. Parecia que a cada dia que passava alguém publicava um novo trabalho apresentando resultados obtidos graças a suas matrizes, mas traduzidos à linguagem elegante das ondas de Schrödinger. Quando o próprio Heisenberg foi incapaz de derivar o espectro de um átomo de hidrogênio com suas matrizes e se viu obrigado a recorrer à teoria do rival, seu ódio alcançou o paroxismo: fez os cálculos rangendo os dentes, como se os estivessem arrancando um por um.

Embora fosse muito jovem, seus pais o pressionavam para que deixasse de desperdiçar seu talento e obtivesse um posto de professor na Alemanha. Heisenberg tinha ido para a Dinamarca, onde trabalhava como ajudante de Niels Bohr, morando em uma pequena mansarda no último andar do Instituto Bohr de Física Teórica da Universidade de Copenhague, cujo teto inclinado o obrigava a se deslocar de cabeça baixa, um lembrete cotidiano do que seu pai chamava de "sua condição sub-rogada" em relação ao físico dinamarquês.

Bohr e Heisenberg tinham muito em comum: assim como seu pupilo, o dinamarquês era famoso pela quase deliberada obscuridade de seus argumentos e, embora todos o respeitassem, muitos diziam que suas ideias tinham a tendência de cair mais perto da filosofia do que da física. Bohr foi um dos primeiros a aceitar os novos postulados de Heisenberg, mas também era fonte invariável de frustração para seu ajudante, já que propunha considerar tanto as ondas de Schrödinger como as matrizes de Heisenberg, unidas sob um novo princípio que ele chamava de complementariedade.

Em vez de procurar solucionar as contradições das duas mecânicas, Bohr as abraçava. Segundo ele, os atributos das partículas elementares surgiam de uma relação e tinham validez só em um contexto determinado. Não podiam ser reduzidas a um só olhar. Se eram medidas com um tipo de experimento, exibiam as propriedades de uma onda; com outro, apareceriam como partículas. Ambas as perspectivas eram excludentes e antagônicas, complementares: nenhuma era um reflexo perfeito, mas só um modelo do mundo. Somadas nos davam uma ideia mais completa da natureza. Heisenberg detestava a complementariedade. Estava convencido de que era preciso desenvolver um sistema único de conceitos, não dois que fossem contraditórios. E para conseguir isso era capaz de qualquer coisa; se o preço para entender a mecânica quântica era desmontar o próprio conceito de realidade, ele estava disposto a pagá-lo.

Quando não trabalhava trancado em seu quarto, passeando de um lado para outro com a cabeça baixa e os ombros curvados, discutia até o amanhecer com Bohr. A briga entre ambos durou meses e se tornou cada vez mais violenta. Quando Heisenberg ficou rouco gritando com ele, Bohr decidiu adiantar suas férias de inverno para descansar de seu furioso pupilo, cuja teimosia só rivalizava com a sua e cujo caráter tinha chegado a detestar. Sem a oposição de Bohr, Heisenberg ficou sozinho com seus demônios e rapidamente se tornou seu pior inimigo. Engajava-se em longos solilóquios durante os quais se dividia em dois, argumentando sua posição e depois a de Bohr, com tanto entusiasmo que logo podia imitar de maneira perfeita o pedantismo insuportável de seu professor, como se estivesse sofrendo um transtorno de múltipla personalidade. Traindo sua própria intuição, deixou de lado suas colunas de números e matrizes e tentou imaginar um elétron como se fosse um apanhado de ondas. O que exatamente a equação de Schrödinger descrevia se aplicada a um elétron girando em torno do núcleo? Não era uma onda real, disso não tinha dúvida, sobrando várias dimensões. Talvez ela mostrasse todos os estados em que esse elétron podia estar — seus níveis de energia, as velocidades e as coordenadas —, mas, ao mesmo tempo, como se fossem fotos múltiplas, superpostas umas às outras. Algumas estavam mais bem focadas: esses eram os estados mais prováveis para o elétron. Será que uma onda era feita de probabilidades? Uma distribuição estatística? Os franceses tinham traduzido a função de onda como *densité de présence*. Isso era tudo o que dava para ver com a mecânica de Schrödinger: imagens borradas, uma presença fantasma, difusa e indefinida, as pistas de algo que não era deste mundo. Mas o que acontecia se essa perspectiva e a sua eram consideradas ao mesmo tempo? A resposta lhe pareceu tão absurda a ponto de ser interessante: um elétron que era — ao mesmo tempo — uma partícula confinada em um ponto e uma onda estendida ao longo do tempo e do espaço. Tonto de tanto paradoxo e enfurecido por sua incapacidade de derrotar as ideias de Schrödinger, saiu para andar no parque que rodeava a universidade.

Não percebeu que era meia-noite até que o frio o obrigou a se refugiar no único lugar que permanecia aberto a essa hora, um bar que reunia o pior da boemia de Copenhague, onde artistas, poetas, criminosos e prostitutas compravam suas doses de cocaína e haxixe. Heisenberg cultivava uma sobriedade que beirava o puritanismo e, embora passasse na frente dele todos os dias e vários de seus colegas fossem clientes habituais, nunca tinha entrado. O bafo que sentiu ao abrir a porta o atingiu como uma bofetada. Não fosse o frio, teria voltado imediatamente para o seu quarto. Dirigiu-se para o fundo e se sentou na única mesa vazia. Ergueu uma mão para chamar um homem vestido de preto, supondo que fosse um garçom, mas em vez de anotar seu pedido, o cara se sentou do outro lado da mesa e o observou com os olhos acesos. "O que posso lhe oferecer esta noite, professor?", disse, tirando um pequeno vidro de dentro da jaqueta. O homem olhou para trás e se posicionou de modo que o dono do lugar não pudesse notar as tímidas tentativas que Heisenberg fazia para chamar sua atenção. "Não se preocupe com ele, professor, aqui todos são bem-vindos, inclusive gente como você", disse, piscando o olho e colocando o vidro sobre a mesa. Heisenberg sentiu uma repulsa imediata pelo desconhecido. Por que o tratava com essa formalidade, se era pelo menos dez anos mais velho do que ele? Continuou tentando chamar o barman, mas os ombros do estranho, agachado sobre a mesa como um gigantesco urso bêbado, cobriam quase todo seu campo visual. "O senhor não vai acreditar em mim, professor, mas agora há pouco havia um menino de sete anos sentado na cadeira que o senhor ocupa, chorando sem parar. O menino mais triste do mundo, posso lhe garantir, ainda posso ouvir seu choramingo. E assim quem pode se concentrar em escrever? O senhor experimentou o haxixe? Não, claro que não. Hoje ninguém tem tempo para a eternidade. Só as crianças, só as crianças e os bêbados, mas não as pessoas sérias como o senhor, professor, os que estão prestes a mudar o mundo. Ou estou enganado?" Heisenberg não respondeu. Estava decidido a não entrar no jogo e ia ficar de pé quando viu o brilho de algo metálico na mão do homem. "Não tem pressa nenhuma, professor, temos a noite inteira pela frente. Relaxe, deixe-me convidá-lo para uma bebida. Ainda que eu ache que o senhor precisa de algo mais forte, não é?" Ele despejou o conteúdo do vidro no resto de sua própria cerveja e empurrou o copo na direção de Heisenberg. "Estou notando o senhor cansado, professor. Tem que se cuidar mais. Sabia que o primeiro sinal sério de dano psicológico é a inabilidade para lidar com o futuro? Se reparar nisso, perceberá quão incrível é poder exercer controle sobre uma hora das nossas vidas. Quão difícil é controlar nossos pensamentos! O senhor, por exemplo, dá para ver que está possuído. Dominado por seu intelecto como um tarado pela boceta. Está enfeitiçado, professor, foi sugado para dentro de sua própria cabeça. Venha, beba. Não me faça pedir duas vezes." O físico se afastou, mas o estranho o pegou pelo ombro e levantou o copo até colocá-lo diante dos lábios de Heisenberg, que olhou ao seu redor para pedir ajuda e percebeu que o bar todo olhava para ele sem o menor assombro, como se estivessem presenciando um ritual pelo qual todos tiveram que passar. Abriu a boca e bebeu o líquido verde de um só gole. O homem sorriu, reclinou-se na cadeira e entrelaçou as mãos atrás da nuca: "Agora, sim, podemos falar como dois seres civilizados, professor. Acredite, eu sei dessas coisas. É preciso deixar que o espaço e o tempo se teçam como uma fibra só, é preciso se manter em movimento. Quem suportaria permanecer em um lugar durante toda a vida? Isso serve para as pedras, mas não para um homem como o senhor, professor. Escutou o rádio ultimamente? Eu faço um programa que poderia lhe interessar. Foi pensado para crianças, mas para crianças curiosas e valentes como o senhor. Conto a elas todas as grandes catástrofes da nossa época. Todas as tragédias, todas as matanças, todos os horrores. Sabia que no Mississippi quinhentas pessoas morreram em uma inundação no mês passado? As águas correram com tanta força que rebentaram os diques e as pessoas morreram enquanto dormiam. Há aqueles que acreditam que as crianças não deveriam saber essas coisas, mas isso não é o que mais me preocupa. O aterrorizante não são os corpos putrefatos boiando na água com a carne inchada caindo dos ossos. Do outro lado do planeta, soube que meu adorado tio Willy e minha querida tia Clara, esse casal de velhos de merda, tinham se salvado da água subindo no telhado de uma loja de bombons. Bombons! Se isso não é magia negra, me diga o que é. Não importa quantas pessoas tenham morrido, nem quantas tenham se salvado, professor, hoje todos somos vítimas. O senhor é inteligente demais para perceber. Eu ainda me lembro da primeira vez que recebi uma chamada telefônica. Estava na casa do meu avô e minha mãe ligou do hotel onde gostava de passar férias para descansar de mim. Assim que ouvi o toque, arranquei-o do gancho e conectei minha cabecinha no alto-falante, sem que nada pudesse mitigar essa violência, entregue à voz que soava ali. Sofri, impotente, vendo como minha consciência do tempo, minha firme resolução, meu sentido do dever e da proporção eram destruídos! E a quem devemos esse maravilhoso inferno senão a vocês? Me diga, professor, quando começou essa loucura. Quando deixamos de entender o mundo?". O homem segurou o rosto com as mãos, esticou a pele para os lados até ficar deformado e se deixou cair sobre a mesa, como se de repente fosse incapaz de segurar o enorme peso do corpo. Heisenberg aproveitou esse momento para fugir.

Correu sem ver para onde ia, com os braços para a frente, perdido na névoa, apalpando o ar como um cego, e quando sentiu câimbra nas pernas despencou nas raízes de um carvalho gigantesco, sentindo que o coração ia explodir. Tinha se enfiado no fundo do parque e não conseguia mais distinguir o brilho dos postes de luz. O que esse canalha tinha lhe dado? Estava tremendo de frio, tinha a língua seca e a vista embaçada, a adrenalina percorria seu corpo todo e mal podia controlar sua vontade de chorar. A única coisa que queria era voltar para sua mansarda, mas as náuseas não o deixavam ficar de pé. Quando tentou, a paisagem começou a girar ao seu redor, tão rápido que teve que abraçar o tronco de uma árvore e fechar os olhos.

Quando os abriu, pequenas línguas de fogo boiavam no ar, brilhando como as luzes de um cortejo de vaga-lumes. Não sentia mais frio, suas pernas não tremiam mais. Estava lúcido e desorientado ao mesmo tempo, como se tivesse acordado dentro de um sonho. O bosque tinha se tornado irreconhecível; as raízes pulsavam como veias, os galhos se mexiam sem que houvesse vento e a terra parecia respirar sob seus pés, mas ele não sentia nenhum tipo de ansiedade. Tinha sido invadido por uma enorme sensação de paz e a achou tão anormal — dadas suas circunstâncias — que temia que a qualquer momento essa calma se tornasse pânico. Para evitá-lo, dedicou-se a observar o jogo das luzes: cobriam todo o espaço, caindo das copas das árvores ou brotando entre as folhas que forravam o chão. A maior parte desaparecia imediatamente, mas algumas duravam o suficiente para formar uma pequena esteira. Com suas pupilas dilatadas, Heisenberg notou que esses rastros não eram linhas contínuas, mas só uma série de pontos individuais. Era como se as luzinhas tivessem pulado de um lugar a outro de forma instantânea, sem passar pelo espaço intermediário. Hipnotizado por suas alucinações, sentiu que sua mente se fundia com o que estava observando: cada ponto da esteira surgia sem motivo, e o rastro completo só existia na sua mente, que entrelaçava os pontos. Heisenberg se concentrou em um deles, mas, quanto mais tentava fixá-lo, mais difuso se tornava. Ele se arrastou pelo chão, de quatro, tentando pegar uma luzinha entre as mãos, rindo como uma criança que persegue uma borboleta. Estava a ponto de conseguir quando viu que tinha sido rodeado por uma legião de sombras.

Inúmeros homens e mulheres de olhos puxados, os corpos esculpidos com fuligem e cinzas, esticavam os braços para tentar tocá-lo. Eles se amontoavam ao seu redor sem conseguir avançar, zumbindo como um enxame de abelhas nos fios de uma rede invisível. Heisenberg tentou pegar a mãozinha de um bebê que quebrara o cerco e engatinhava em sua direção, mas uma explosão pulverizou as figuras e o deixou de joelhos, esquadrinhando entre as folhas para tentar encontrar algum vestígio, algum resto daqueles fantasmas. Só encontrou uma luzinha minúscula, a única que sobrevivera. Pegou-a com infinito cuidado, abraçou-a contra o peito e empreendeu o caminho de volta para casa, lutando contra um vendaval que revirava seu cabelo e açoitava as dobras de sua jaqueta, convencido de que não podia deixar que se apagasse por nada neste mundo. Encontrou a saída do parque e se dirigiu até o prédio da universidade. Quando avistou a janela de seu quarto, sentiu que algo enorme seguia seus passos. Olhou por cima do ombro e viu uma figura preta que escurecia tudo. Começou a correr apavorado, mas ao tropeçar percebeu que estava sendo perseguido pela própria sombra, projetada para trás pela luz que segurava nas mãos. Girou para enfrentar seu espectro, estendeu os braços e abriu as palmas. A luz e a sombra se extinguiram em uníssono.

Quando Bohr voltou de férias, Heisenberg lhe disse que existia um limite absoluto sobre o que podíamos saber deste mundo.

Assim que seu chefe entrou pela porta da universidade, Heisenberg o pegou pelo cotovelo e o levou para percorrer o parque, sem lhe dar tempo de deixar a bagagem ou sacudir a neve do casaco. Ao combinar suas ideias com as de Schrödinger — disse a ele enquanto se enfiava entre as árvores, arrastando as malas de Bohr e ignorando suas queixas —, entendera que os objetos quânticos não tinham uma identidade definida, mas habitavam um espaço de possibilidades. Um elétron, explicou Heisenberg, não existia em um só lugar, mas em muitos; não tinha uma velocidade, mas múltiplas. A função de onda mostrava todas essas possibilidades superpostas. Heisenberg esquecera toda a maldita discussão entre as ondas e as partículas e se concentrara mais uma vez nos números para encontrar o caminho. Analisando a matemática de Schrödinger e a sua, descobrira que certas propriedades de um objeto quântico — como sua posição e sua quantidade de movimento — existiam de forma emparelhada e obedeciam a uma relação estranhíssima. Quanto mais precisa era a identidade que uma delas adotava, mais incerta a outra se tornava. Se um elétron, por exemplo, se situava em apenas uma posição, com absoluta segurança, fixando-se em sua órbita como um inseto atravessado por um alfinete, sua velocidade se tornava completamente indefinida: podia estar imóvel ou se deslocando à velocidade da luz, sem que fosse possível sabê-lo. E o mesmo ocorria ao contrário! Se o elétron tinha uma quantidade de movimento exata, sua posição se tornava tão indeterminada que podia estar na palma de sua mão ou do outro lado do universo. Essas duas variáveis eram matematicamente complementares: fixar uma dissolvia a outra.

Heisenberg se deteve para recuperar o fôlego. Falara sem parar e estava coberto de suor pelo esforço de carregar as malas pela neve. Estava tão imerso na sua cabeça que não percebera que Bohr ficara vários metros para trás, olhando o chão em um estado de concentração extrema. Heisenberg quase podia ouvir os mecanismos mentais de seu professor rangendo, capazes de moer ideias até extrair sua medula; quando se aproximou, Bohr lhe perguntou se essas relações emparelhadas afetavam só essas variáveis, e Heisenberg, ainda ofegante, lhe disse que não: regiam múltiplos aspectos do quântico, como o tempo em que um elétron estava em um estado e a energia que possuía nesse estado. Bohr quis saber se essas relações ocorriam na matéria em toda escala ou só no nível subatômico: Heisenberg lhe assegurou que era tão incerta para um elétron como para eles dois, embora o efeito nos objetos macroscópicos fosse imperceptível, enquanto para uma partícula era gigantesco.

Heisenberg tirou os papéis em que tinha desenvolvido a matemática de sua nova ideia e Bohr se sentou na neve para lê-los. Ele ficou em silêncio enquanto revisava os cálculos, durante um tempo que pareceu eterno a Heisenberg, e, quando acabou, pediu-lhe ajuda para ficar de pé. Voltaram a andar para espantar o frio. Bohr quis saber se por acaso tudo aquilo era um limite experimental, algo que gerações futuras poderiam vencer com tecnologia avançada. Heisenberg negou: era algo constitutivo da matéria, um princípio que regia a forma como as coisas estavam constituídas e que parecia proibir que os fenômenos tivessem certos atributos perfeitamente definidos, de maneira simultânea. Sua intuição original tinha sido correta: era impossível "ver" uma entidade quântica pela simples razão de que ela *não tinha* apenas uma identidade. Iluminar uma de suas propriedades significava obscurecer a outra. A melhor descrição de um sistema quântico não era uma imagem ou uma metáfora, mas um conjunto de números.

Eles saíram do parque e adentraram as ruas da cidade enquanto debatiam as consequências da descoberta de Heisenberg, que Bohr já considerava a pedra angular sobre a qual era possível construir uma física verdadeiramente nova. Em termos filosóficos, disse-lhe segurando seu braço, era o fim do determinismo. A incerteza de Heisenberg esmigalhava a esperança de todos aqueles que tinham acreditado no universo de relojoaria que a física de Newton prometia. Segundo os deterministas, bastava descobrir as leis que governavam a matéria para poder conhecer o passado mais arcaico e predizer o futuro mais longínquo. Se tudo o que acontecia era consequência direta de um estado anterior, a única coisa de que precisavam era olhar o presente e deixar correr as equações para obter um conhecimento similar ao de Deus. Tudo aquilo era uma quimera à luz da descoberta de Heisenberg: o que estava para além de nosso alcance não era nosso futuro. Também não era nosso passado. Era o presente. Nem sequer o estado de uma miserável partícula podia ser apreendido de maneira perfeita. Por mais que escrutássemos os fundamentos, sempre haveria algo que permaneceria borrado, indeterminado ou incerto, como se a realidade nos deixasse ver o mundo de forma cristalina com um olho de cada vez, mas nunca com os dois.

Embriagado de entusiasmo, Heisenberg notou que o percurso que tinham feito pelo parque era uma inversão quase perfeita da que traçara na noite de sua epifania. Comentou isso com Bohr e o dinamarquês imediatamente o relacionou com o que eles estavam falando: se não podíamos conhecer, ao mesmo tempo, coisas tão básicas como onde estava e como se mexia um elétron, também não podíamos predizer o caminho exato que seguiria de um ponto a outro, mas apenas seus múltiplos caminhos possíveis. Essa era a genialidade da equação de Schrödinger: de alguma maneira era capaz de alinhavar os infinitos destinos de uma partícula, todos os seus estados, todas as suas trajetórias, em uma trama só — a função de onda —, que os mostrava superpostos. Uma partícula tinha muitas maneiras de atravessar o espaço, mas escolhia apenas uma. Como? Por puro acaso. Para Heisenberg, não era mais possível falar de nenhum fenômeno subatômico com certeza absoluta. Onde antes havia uma causa para cada efeito, agora existia um leque de probabilidades. No substrato mais fundo das coisas, a física não tinha encontrado uma realidade sólida e inequívoca como desejavam Schrödinger e Einstein, regida por um deus racional que puxava os fios do mundo, mas um reino de maravilha e estranheza, filho do capricho de uma deusa de braços múltiplos, brincando com o acaso.

Quando passaram na frente da porta do bar do qual Heisenberg tinha escapado, Bohr disse que aquilo merecia uma cerveja. O dono mal tinha aberto e o lugar estava vazio, mas a ideia embrulhou o estômago de Heisenberg. Ele propôs que buscassem um café e quem sabe alguma coisa quente para comer. O dinamarquês disse que não se celebrava com café e o empurrou para dentro.

Sentaram-se na mesma mesa que Heisenberg ocupara naquela noite. Bohr pediu duas cervejas, que saborearam lentamente, e depois mais duas, que beberam de um gole só. Durante a terceira, Heisenberg lhe confessou tudo o que acontecera ali; falou-lhe do desconhecido que o drogara, do medo, do vidro sobre a mesa, das mãos ossudas daquele estranho e do fulgor da lâmina de sua faca; descreveu-lhe o amargor da bebida verde, as histórias que o homem lhe contara, seu arranque incontrolável de emoção e sua fuga covarde; falou-lhe do frio que fazia do lado de fora, da beleza de suas alucinações, das raízes pulsantes das árvores, da dança dos vaga-lumes, da pequena luz que abrigara entre a palma da mão e da sombra gigante que o perseguiu até a universidade. Falou-lhe de tudo aquilo e de sua vida nas semanas posteriores, o que sentia que vinha pela frente, a tempestade de ideias que se desatara em sua cabeça e o entusiasmo incontrolável que se apoderara dele daquela noite em diante; mas, por uma estranha razão que não soube explicar, e que também não poderia ter explicado a Bohr, já que só a compreenderia décadas mais tarde, não foi capaz de confessar sua visão do bebê morto a seus pés, nem os milhares de figuras que o tinham rodeado no bosque, como se quisessem adverti-lo de algo, carbonizadas em um instante por aquele clarão cego de luz.

v. Deus e os dados

Sob o céu cinza de Bruxelas, na manhã de uma segunda-feira, dia 24 de outubro de 1927, vinte e nove físicos atravessaram a grama geada do parque Leopold e se refugiaram em um dos salões do Instituto de Fisiologia, sem suspeitar que cinco dias depois sacudiriam as bases da ciência.

O instituto tinha sido construído pelo industrial Ernest Solvay, com o propósito expresso de demonstrar, tanto quanto possível, "que o fenômeno da vida pode e deve ser explicado pelas leis físicas que governam o universo, que podemos conhecer através da observação e do estudo objetivo dos fatos deste mundo". Tanto os velhos mestres como os jovens revolucionários tinham viajado da Europa toda para participar da v Conferência de Solvay, a reunião científica mais prestigiosa da época. Nem antes nem depois houve uma concentração tão grande de gênios sob um mesmo teto; dezessete deles acabariam recebendo o prêmio Nobel, incluindo Paul Dirac, Wolfgang Pauli, Max Planck e Marie Curie, que já ganhara dois e encabeçava o comitê da conferência junto com Hendrik Lorentz e Albert Einstein.

Embora o título da reunião fosse *Sobre elétrons e fótons*, todos sabiam que seu verdadeiro propósito era analisar a mecânica quântica, que estava colocando em dúvida a solidez do edifício teórico sobre o qual descansava a física.

Durante o primeiro dia, todos falaram. Todos a não ser Einstein.

Na manhã do segundo dia, Louis de Broglie expôs sua nova teoria de "ondas piloto", que explicava o movimento do elétron como se estivesse montado na cúspide de uma onda, que nem um surfista. Foi atacado sem piedade, tanto por Schrödinger como pelos físicos de Copenhague. Incapaz de se defender sozinho, De Broglie olhou para Einstein, mas o alemão manteve seu silêncio, e o tímido príncipe não abriu mais a boca durante o resto do encontro.

No terceiro dia, confrontaram-se as duas versões da mecânica quântica.

Cheio de confiança, Schrödinger defendeu suas ondas. Explicou que funcionavam à perfeição para descrever o comportamento de um elétron, embora tivesse que admitir que precisava de ao menos seis dimensões para representar duas delas. Schrödinger chegara a se convencer de que sua onda podia ser algo real — e não só uma distribuição de probabilidades —, mas não conseguiu persuadir os demais. No final de sua apresentação, Heisenberg se deu o prazer de arrematar: "Herr Schrödinger confia que será capaz de explicar e compreender em três dimensões os resultados proporcionados por sua teoria multidimensional, quando nosso conhecimento for mais profundo. Não vejo nada em seus cálculos que justifique tal esperança".

Durante a tarde, Heisenberg e Bohr apresentaram sua versão da mecânica quântica, que chegaria a ser conhecida como a Interpretação de Copenhague.

A realidade, disseram aos presentes, não existe como algo separado do ato de observação. Um objeto quântico não tem propriedades intrínsecas. Um elétron não está em nenhum lugar fixo até que seja medido; só nesse instante aparece. Antes da medição, não tem atributo nenhum; antes da observação, nem sequer é possível pensar nele. Existe de uma maneira determinada quando é detectado por um instrumento determinado. Entre uma medição e outra, não tem nenhum sentido perguntar como se move, o que é, nem onde está. Como a lua no budismo, uma partícula não existe; o ato de medição a torna um objeto real.

A ruptura proposta era brutal. A física não devia mais se preocupar com a realidade, mas com o que podemos dizer sobre a realidade. Os átomos e suas partículas elementares não compartilhavam o mesmo ser que os objetos da experiência cotidiana. Vivem em um mundo de potencialidades, explicou Heisenberg: não são coisas, mas possibilidades. A transição do "possível" para o "real" só ocorria durante o ato de observação ou medição. Consequentemente, não havia nenhuma realidade quântica que existisse de forma independente. Medido como uma onda, um elétron aparecia como tal; medido como partícula, tomaria essa outra forma.

E depois foram um passo além.

Nenhum desses limites era teórico: não era uma falha no modelo, uma limitação experimental ou um problema técnico. Simplesmente não existia um "mundo real" lá fora que a ciência pudesse estudar. "Quando falamos da ciência da nossa época — explicou Heisenberg —, estamos falando de nossa relação com a natureza, não como observadores objetivos e separados, mas como atores do jogo entre o homem e o mundo. A ciência não pode mais confrontar a realidade da mesma forma. O método de analisar, explicar e classificar o mundo se tornou consciente de suas próprias limitações: estas surgem do fato de que as intervenções alteram os próprios objetos que investigam. A luz com a qual a ciência ilumina o mundo não só muda nossa visão da realidade, mas o comportamento de suas unidades fundamentais." O método científico e seu objeto não podiam mais se separar.

Os criadores da Interpretação de Copenhague concluíram sua exposição com um parecer absolutista: "Consideramos que a mecânica quântica é uma teoria fechada, cujos supostos físicos e matemáticos não são suscetíveis de nenhuma modificação".

Foi mais do que Einstein conseguiu aguentar.

O físico iconoclasta por antonomásia se negou a aceitar uma mudança tão radical. Que a física deixasse de falar de um mundo objetivo não era só uma mudança de ponto de vista; era uma traição à própria alma da ciência. Para Einstein, a física *devia* falar de causas e resultados, e não só de probabilidades. Ele se negava a acreditar que os fatos do mundo obedecessem a uma lógica tão contrária ao senso comum. Não era possível entronizar o acaso e abandonar a noção das leis naturais. Tinha que existir algo mais profundo. Algo que ainda não conheciam. Uma variável oculta que conseguiria dissipar a névoa de Copenhague e mostrar a ordem que subjazia ao comportamento aleatório do mundo subatômico. Ele estava convencido disso e, durante os três dias seguintes, propôs uma série de situações hipotéticas que pareciam transgredir o princípio da incerteza de Heisenberg, que estava na base do raciocínio dos físicos de Copenhague.

Todos os dias no café da manhã (e de forma paralela às discussões oficiais), Einstein apresentava suas charadas e, toda noite, Bohr chegava com o problema resolvido. O duelo entre ambos dominou a conferência e dividiu os físicos em dois bandos irreconciliáveis, mas no último dia Einstein teve que capitular. Não conseguira encontrar nem uma inconsistência nos raciocínios de Bohr. Aceitou a derrota a contragosto e condensou todo seu ódio diante da mecânica quântica em uma frase que repetiria incessantemente nos anos seguintes e que praticamente cuspiu no dinamarquês antes de partir.

"Deus não joga dados com o universo!"

Epílogo

Einstein voltou de Bruxelas para Paris junto com De Broglie. Ao descer do trem, abraçou-o e lhe disse que não desanimasse e que continuasse desenvolvendo suas ideias; sem dúvida estava no caminho correto. Mas De Broglie tinha perdido algo durante esses cinco dias. Embora tenha recebido o prêmio Nobel em 1929 pela sua tese de doutorado sobre as ondas de matéria, rendeu-se à visão de Heisenberg e Bohr, passando o resto de sua carreira como um simples professor universitário, separado de todos por uma espécie de véu, um pudor que funcionava como uma barreira entre ele e o mundo, que nem sequer sua querida irmã conseguiu erguer de novo.

Einstein se tornou o maior inimigo da mecânica quântica. Fez inúmeras tentativas de encontrar um caminho de retorno a um mundo objetivo, buscando uma ordem oculta que permitisse unir sua teoria da relatividade e a mecânica quântica, para poder desterrar o acaso que havia sido colado na mais exata de todas as ciências. "Essa teoria da mecânica quântica me lembra um pouco o sistema de delírios de um paranoico excessivamente inteligente. É um verdadeiro coquetel de pensamentos incoerentes", escreveu a um de seus amigos. Desvelou-se por encontrar uma teoria unificada, mas morreu sem conseguir, ainda admirado por todos, embora completamente alienado das novas gerações, que pareciam ter aceitado como máxima a resposta que Bohr dera a Einstein em Solvay, décadas antes, ao ouvir sua amarga queixa sobre os dados de Deus: "Não é nosso lugar dizer a Ele como conduzir o mundo".

Schrödinger também chegou a odiar a mecânica quântica. Ele inventou um elaborado experimento mental, um *Gedankenexperiment*, que dava como resultado uma criatura aparentemente impossível: um gato que estava vivo e morto ao mesmo tempo. Sua intenção era demonstrar o caráter absurdo dessa forma de pensar. Os partidários de Copenhague disseram a Schrödinger que ele tinha toda razão: o resultado não só era absurdo, mas também paradoxal. Mas era verdadeiro. O gato de Schrödinger, como qualquer partícula elementar, estava vivo e morto (ao menos até ser medido), e o nome do austríaco ficou para sempre associado a essa tentativa falha de negar as ideias que ele mesmo ajudara a criar. Schrödinger fez contribuições à biologia, à genética, à termodinâmica e à relatividade geral, mas nunca voltou a produzir algo comparável ao que fizera durante os meses que se seguiram a sua estadia na vila Herwig, para onde nunca retornou.

A fama o acompanhou até a morte, produto de um último ataque de tuberculose que o fulminou em Viena, aos setenta e três anos, em janeiro de 1961.

Sua equação permanece como uma pedra angular da física moderna, embora em cem anos ninguém tenha podido desentranhar o mistério da função de onda.

Heisenberg foi nomeado professor na Universidade de Leipzig aos vinte e cinco anos, o mais jovem na história da Alemanha. Em 1932, recebeu o prêmio Nobel pela criação da mecânica quântica e, em 1939, o governo nazista lhe ordenou que investigasse a viabilidade de construir uma bomba nuclear; depois de dois anos, concluiu que uma arma desse tipo estava para além do alcance da Alemanha — ou de qualquer um de seus inimigos —, pelo menos durante a guerra, e mal conseguiu acreditar na sua explosão sobre o céu de Hiroshima.

Heisenberg continuou desenvolvendo ideias provocadoras durante o resto de sua vida, e é considerado um dos físicos mais importantes do século XX.

Seu princípio da incerteza suportou todas as provas a que foi submetido.

Epílogo
O jardineiro noturno

I

É uma praga vegetal, que se espalha de árvore em árvore. Irrefreável, invisível, uma podridão oculta, despercebida, imperceptível aos olhos do mundo. Será que nasceu da terra profunda e escura? Foi trazida à superfície pelas bocas das menores criaturas? Um fungo, talvez? Não, ela viaja mais rápido do que os esporos, reproduz-se dentro das raízes das árvores, enterrada em seus corações de madeira. Um mal antigo e rastejante. Mate-o, mate-o com fogo. Acenda-o e o observe queimar, incendeie todas essas faias infectadas, abetos e carvalhos gigantes que resistiram ao teste do tempo, encharque seus troncos feridos por milhares de picadas de insetos. Morrendo agora, doentes e morrendo, mortos de pé. Deixe-os queimar e observe as chamas alcançarem o céu, ou do contrário esse mal consumirá o mundo, alimentando-se da morte de outros, nutrido por toda a grama verde que se tornou cinza. Quieto agora, ouça. Ouça-o crescer.

II

Eu o conheci nas montanhas, em uma pequena cidade onde moram poucas pessoas, exceto durante os meses de verão. Eu estava caminhando à noite e o vi, em seu jardim, cavando. Meu cachorro rastejou sob os arbustos, correu em sua direção no escuro, um breve clarão branco sob o luar. O homem se curvou, coçou a cabeça do animal e se ajoelhou, enquanto meu cachorro lhe oferecia a barriga. Pedi desculpas por isso, ele disse que estava tudo bem, que adorava cachorros. Perguntei se ele estava fazendo jardinagem à noite. Sim, ele disse, é a melhor hora para isso. As plantas estão adormecidas e não sentem tanto, sofrem menos quando são movidas, como um paciente anestesiado com um sedativo pesado. Devemos ser mais cuidadosos com as plantas, disse. Quando ele era menino, havia um carvalho gigante do qual sempre teve medo. Sua avó se enforcou em um de seus galhos. Naquela época, ele me contou, era uma árvore saudável, forte e vigorosa, enquanto agora, cerca de sessenta anos depois, seu enorme corpo estava cheio de parasitas e apodrecendo por dentro, tanto que ele sabia que logo teria que ser cortada, uma vez que se erguia sobre sua casa e ameaçava esmagá-la se algum dia caísse. E, ainda assim, não conseguia derrubar o gigante, pois era um dos poucos espécimes que restara do que costumava ser uma antiga floresta que cobria o terreno onde sua casa e toda a cidade agora se encontravam, escura, agourenta e bela. Ele apontou para a árvore, mas no escuro eu não conseguia ver nada, exceto sua sombra massiva: ela está meio morta, ele disse, podre, mas ainda viva e crescendo. Morcegos fazem ninhos em seu tronco e beija-flores se alimentam das flores vermelho-rubi da planta parasita que coroa seus ramos mais altos, a hermafrodita *Tristerix corymbosus*, conhecida aqui como *quintral*, *cutre* ou *ñipe*, que sua avó costumava cortar todos os anos, só para vê-la voltar a crescer com flores mais fortes e mais densas. Ainda não sei por que ela se matou. Nunca me disseram que ela havia se suicidado, era segredo de família, eu era pequeno, não tinha mais de cinco ou seis anos na época, mas depois, décadas depois, quando minha filha nasceu, minha *nana*, minha babá, a mulher que me criou enquanto minha mãe ia trabalhar, me disse: Sua avó, ela disse, se enforcou naquele galho à noite. Foi horrível, terrível, não deu para a gente descê-la de lá até a polícia chegar, pelo menos foi o que nos falaram, "não desçam, deixem aí", mas seu pai não podia deixá-la pendurada assim, ele subiu na árvore, cada vez mais alto — ninguém entendia como ela havia subido tão alto —, e removeu o laço do pescoço dela. Ela caiu por entre os galhos e aterrissou com um golpe seco. Seu pai começou a cortar o tronco com o machado, mas o pai dele, seu avô, não deixou: disse que ela sempre havia amado aquela árvore. Tinha a visto crescer, cuidando dela, nutrindo, podando, regando, fazendo um auê por cada pequeno detalhe. Então ela ficou lá e ainda está aqui, ainda que tenha que cair, mais cedo ou mais tarde.

III

Na manhã seguinte, fui dar um passeio na floresta com minha filha de sete anos e encontramos dois cachorros mortos. Eles tinham sido envenenados. Eu nunca tinha visto nada parecido. Conhecia os cadáveres ensanguentados de cachorrinhos na estrada, esmagados pelos pneus do trânsito implacável, tinha visto um gato morto, destripado por uma matilha de cachorros vira-latas, e cheguei a apunhalar o pescoço de uma ovelha desavisada e a vi dessangrar na frente dos *gauchos* com os quais eu estava hospedado, que iriam assá-la para um churrasco, mas nenhuma dessas mortes, por mais horríveis que tenham sido, chegou nem perto dos efeitos do veneno. O primeiro cachorro era um pastor-alemão, deitado no meio do caminho da floresta. Sua boca escancarada, gengivas inchadas e enegrecidas, língua de fora, cinco vezes o tamanho normal, vasos sanguíneos cheios a ponto de estourar. Avancei em direção a ele e disse à minha filhinha para não olhar, mas ela não quis me ouvir e se esgueirou por trás de mim, enterrando o rosto nas dobras da minha jaqueta e espiando. As patas do cachorro estavam rígidas e retesadas, seu abdômen estava inchado com gases que esticavam sua pele, quase parecendo a barriga de uma mulher grávida. O cadáver inteiro parecia prestes a explodir e espalhar suas entranhas por toda parte. Mas o que mais me impressionou foi a expressão de dor implacável em suas feições. Tal foi a agonia que suportou que mesmo morto parecia estar gritando. O segundo cachorro estava a cerca de cinquenta metros de distância, ao lado da trilha, escondido na vegetação rasteira. Era um vira-lata, mistura de bloodhound e beagle, com uma cabeça preta em um corpo branco e, embora sem dúvida tivesse morrido da mesma substância que matou o pastor, não sofreu nenhum dos efeitos deformadores do veneno. Se não fosse pelas moscas rastejando em suas pálpebras, eu poderia ter imaginado que ele simplesmente adormecera. Não conhecíamos o primeiro cachorro, mas o vira-lata era nosso amigo; minha filha brincava com ele desde os quatro anos, às vezes ele andava conosco ou vinha arranhar minha porta atrás de restos. Ela o chamava de Patches e, embora não tenha chorado assim que o reconheceu, quando saímos do caminho da floresta e entramos na clareira, ela desabou. Eu a abracei o mais forte que pude. Ela disse que estava com medo — como eu — pelo seu próprio cachorro, o animal mais doce e gentil que já conheci. Por quê, ela me perguntou, por que eles foram envenenados? Eu lhe disse que não sabia, mas que provavelmente fora um acidente; veneno de rato, veneno de lesma, há muitos produtos químicos mortais usados para jardinagem e há muitos jardins maravilhosos neste lugar. Eles provavelmente tinham comido algum veneno sem perceber do que se tratava ou talvez tenham caçado um rato que estava lento depois de mastigar aqueles minúsculos cubos de cera que as pessoas colocam nos limites de suas propriedades. O que eu não disse a ela é que isso acontece todos os anos. Uma ou duas vezes por ano, cachorros mortos. Às vezes um, às vezes muitos mais, porém, infalivelmente, o início do verão e o final do outono trazem cachorros mortos. Quem mora aqui o ano todo sabe que um deles faz o envenenamento, um dos seus, mas ninguém sabe quem. Ele ou ela distribui cianureto e, por algumas semanas, encontramos carcaças pela cidade. Na maioria das vezes, vira-latas, pois muita gente das áreas vizinhas sobe a estrada da montanha para se livrar de seus cachorros indesejados, mas também os nossos animais. Existem alguns suspeitos, indivíduos que fizeram ameaças no passado. Um homem que mora na mesma rua que nós certa vez disse a um amigo meu que eu deveria manter meu cachorro na coleira. Eu não sabia que todo verão alguém envenenava cachorros? Esse homem mora a três casas da nossa, mas nunca falei com ele e só o vi uma ou duas vezes, parado ao lado do carro, fumando. Ele balança a cabeça, eu também, mas não conversamos.

IV

Fico desesperado por quão devagar meu jardim cresce. Os invernos no alto da montanha são rigorosos, a primavera e o verão são curtos e muito secos, e o solo do meu jardim é pobre, pois foi construído sobre um monte de lixo. O ex-proprietário, o homem que construiu a cabana e me vendeu, teve que nivelar o terreno com cascalho e entulho de construção, de modo que, de vez em quando, ao cavar a terra para plantar flores e árvores, encontro latas, tampas de garrafas e pedaços de plástico picado sob o solo. Há muitos fertilizantes que eu poderia usar, mas gosto de minhas árvores como são, mesmo que não cresçam muito. Suas raízes não têm para onde ir; abaixo da fina camada de terra que consegui empilhar sobre o lixo, encontra-se uma argila dura e compacta, de modo que a maioria delas permanecerá atrofiada, com uma estranha beleza de bonsai, mas ainda assim atrofiada. O jardineiro noturno me disse que o homem que inventou os fertilizantes de nitrogênio modernos — um químico alemão chamado Fritz Haber — também foi o primeiro a criar uma arma de destruição em massa, a saber, cloro gasoso, que despejou nas trincheiras da Primeira Guerra Mundial. Seu gás verde matou milhares e fez incontáveis soldados sentirem suas gargantas arranhar, ao mesmo tempo que o veneno fervia dentro de seus pulmões, afogando-os em seu próprio vômito e catarro, enquanto seu fertilizante, coletado do nitrogênio presente no próprio ar, salvou centenas de milhões da fome e alimentou nossa superpopulação atual. Hoje o nitrogênio é mais do que abundante, mas nos séculos passados guerras foram travadas por cocô de pássaros e morcegos, assim como ladrões saquearam os ossos dos faraós egípcios para roubar o nitrogênio escondido em seus ossos. Segundo o jardineiro noturno, os índios mapuche esmagavam os esqueletos de seus inimigos derrotados e espalhavam aquela poeira em suas fazendas como fertilizante, trabalhando sempre na calada da noite, quando as árvores dormem profundamente, pois acreditavam que algumas delas — a canela e a araucária — podiam ver a alma de um guerreiro, roubar seus segredos mais profundos e espalhá-los pelas raízes compartilhadas da floresta, onde as gavinhas de pelúcia sussurravam para o micélio do cogumelo pálido, arruinando sua reputação perante a comunidade. Com a vida secreta perdida, exposta e revelada ao mundo, o homem aos poucos começava a murchar, secando de dentro para fora, sem nunca saber por quê.

V

A forma como esta pequena cidade é construída é muito estranha. Qualquer caminho que você tomar invariavelmente o levará a um pequeno pedaço de mata escondido em seu extremo mais baixo, uma das poucas áreas que sobreviveu ao incêndio gigante que devastou a região no final dos anos 1990, ameaçando a existência da própria cidade. O fogo se alastrou até se extinguir. Uma floresta que tinha sobrevivido duzentos anos desapareceu em menos de duas semanas. A maior parte foi replantada com pinheiros, mas as espécies nativas originais se perderam, exceto por esta minúscula área selvagem em miniatura, que contrasta fortemente com as cercas vivas podadas e os jardins decorativos que a cercam por todos os lados. Ela tem um estranho poder magnético sobre mim, puxando-me e levando-me mais e mais para baixo, em direção ao antigo caminho que chega ao lago. Passei dias caminhando por entre as árvores, sempre sozinho, pois as pessoas daqui parecem evitar a área, embora eu não saiba por quê, e a maioria dos forasteiros, as famílias ricas que alugam chalés para os meses de verão, raramente a visita ou apenas a observa de passagem. Há um pequeno arvoredo em seu centro, entalhado em calcário. O jardineiro noturno me conta que antes existia um viveiro gigante que guardava suas sementes dentro da boca da caverna, em perpétua escuridão. Nada cresce lá agora, sendo visitado de vez em quando por meninos e meninas adolescentes que deixam seus invólucros de preservativos no chão ou turistas cujos papéis higiênicos sujos eu tenho que pegar e enterrar. O lago fica adiante, e é nessa pequena faixa de água que as famílias se reúnem. É artificial, feito pelo homem, mais uma lagoa do que um lago, na verdade, mas parece natural o suficiente para uma dúzia de patos fazerem seus ninhos ali. Um falcão de cauda vermelha patrulha o lado sul, um grou branco reina sobre o lado norte, mais lamacento. No verão, os pequenos riachos que alimentam o reservatório gotejam e cantam, mas depois secam, são cobertos por vegetação e desaparecem como se nunca tivessem existido. O lago não congela há décadas; disseram-me que uma criança se afogou depois de cair no gelo da última vez que congelou, na época em que Pinochet tinha acabado de assumir o poder, mas ninguém foi capaz de me dizer o nome do menino. Provavelmente é apenas uma história para manter as crianças longe do lago à noite, que sobreviveu, embora o clima tenha esquentado e o gelo não se forme mais.

Esta cidade foi fundada por imigrantes europeus. Há uma sensação decididamente estrangeira neste lugar, que não é comum em outras partes do Chile, embora haja algumas pequenas cidades do Sul onde você também pode ver garotas loiras de olhos azuis correndo entre nossa mistura decididamente homogênea de espanhóis e mapuches. Este lugar foi construído como um refúgio, escondido nas montanhas. Uma das coisas que sempre me surpreendeu no Chile é que não habitamos as montanhas. Os Andes estão ali como uma espada cravada nas nossas costas, mas ignoramos aqueles picos fabulosos e nos instalamos na costa, como se todo o país sofresse de vertigem terminal, um medo das alturas que nos impede de gozar o traço mais proeminente de nossa paisagem única. A menos de uma hora daqui, bem onde você sai da rodovia para subir a estrada da montanha, há um enorme forte militar; a casa que comprei foi construída por um tenente do Exército aposentado. Pesquisei um pouco sobre ele por curiosidade e vi que era acusado de envolvimento no desaparecimento de vários presos políticos durante a ditadura. Eu só o encontrei em duas ocasiões; quando me mostrou o lugar e quando assinamos os papéis. Eu não sabia na época, embora suspeitasse por causa do valor baixo que pediu, mas ele estava com uma doença terminal. Ele morreu menos de um ano depois. O jardineiro noturno me diz que ele era um homem odioso, desprezado por todos na cidade, pois andava com seu antigo revólver militar na cintura e se recusava a pagar os trabalhadores pelos reparos que faziam na sua casa. Quando nos mudamos, encontrei uma velha granada em cima de uma das mesinhas de centro da sala de estar, sem o pino de segurança. Por mais que tente, não consigo me lembrar o que fiz com ela.

VI

O jardineiro noturno foi matemático e agora fala de matemática como ex-alcoólatras falam de bebida, com uma mistura de medo e saudade. Ele me disse que teve o início de uma carreira brilhante, mas desistiu completamente depois de se deparar com o trabalho de Alexander Grothendieck, um matemático mundialmente famoso que revolucionou a geometria como ninguém havia feito desde a época de Euclides e que inexplicavelmente parou de fazer matemática no auge de sua fama internacional, deixando um legado desconcertante que ainda está enviando ondas de choque por todos os ramos de sua disciplina, mas que ele se recusou a discutir, ou sequer mencionar, até sua morte, em 2014. Como o jardineiro noturno, quando Grothendieck fez quarenta anos, deixou sua casa, a família e os amigos e viveu como um monge, escondido nos Pirineus. Foi como se Einstein tivesse desistido da física depois de publicar sua teoria da relatividade ou se Maradona tivesse decidido nunca mais tocar numa bola depois de vencer a Copa do Mundo. A decisão do jardineiro noturno de abandonar a vida não foi apenas por causa de sua admiração por Grothendieck, é claro. Ele também passou por um divórcio ruim, afastou-se de sua única filha e foi diagnosticado com câncer de pele, mas insistiu que tudo isso, por mais doloroso que fosse, era secundário em relação à súbita percepção de que era a matemática — não armas nucleares, computadores, guerra biológica ou nosso Armagedom climático — que estava mudando nosso mundo a tal ponto que em algumas décadas, no máximo, simplesmente não seríamos capazes de compreender o que de fato significa ser humano. Não que algum dia tenhamos compreendido, ele disse, mas as coisas estão piorando. Podemos separar os átomos, espiar a primeira luz do universo e prever seu fim com apenas um punhado de equações, linhas irregulares e símbolos enigmáticos que as pessoas normais não podem captar, embora tenham controle sobre suas vidas. Mas não são apenas as pessoas normais, mesmo os cientistas não compreendem mais o mundo. Considere a mecânica quântica, joia rara de nossa espécie, a mais precisa, abrangente e bela de todas as nossas teorias físicas. Está por trás da supremacia de nossos smartphones, da internet, da promessa do poder divino da computação. Ela remodelou completamente o nosso mundo. Nós sabemos como usá-la, ela funciona como que por algum estranho milagre, mas não há uma alma humana, viva ou morta, que de fato a entenda. A mente não consegue lidar com seus paradoxos e contradições. É como se a teoria tivesse caído na Terra vinda de outro planeta e simplesmente corrêssemos em torno dela como macacos, brincando e jogando com ela, mas sem nenhuma compreensão verdadeira.

Então ele agora faz jardinagem, cuida de seu jardim e trabalha em outras propriedades na cidade. Que eu saiba, não tem amigos e seus poucos vizinhos o consideram um pouco estranho, mas gosto de pensar nele como meu amigo, pois às vezes deixa baldes de adubo na minha porta, como um presente para meu jardim. A árvore mais velha do meu lote é um limoeiro, uma massa espalhada de ramos curvados pelo peso. O jardineiro noturno uma vez me perguntou se eu sabia como morrem as árvores cítricas: quando chegam à velhice, se não são cortadas e sobrevivem à seca, às doenças e aos incontáveis ataques de pestes, fungos e pragas, sucumbem por superabundância. Quando chegam ao fim de seu ciclo de vida, produzem uma safra final de limões imensa. Em sua última primavera, suas flores brotam e desabrocham em cachos enormes e enchem o ar com um cheiro tão doce que as narinas ardem a dois quarteirões de distância; então seus frutos amadurecem todos de uma vez, galhos inteiros se partem devido ao peso excessivo e, depois de algumas semanas, o solo se enche de limões podres. É uma visão estranha, ele disse, ver tamanha exuberância antes da morte. Pode-se imaginar isso em espécies animais, aqueles milhões de salmões se acasalando e desovando antes de cair mortos, ou os bilhões de arenques que tornam as águas do mar brancas com seus espermatozoides e ovos, cobrindo as costas do Pacífico por centenas de quilômetros. Mas as árvores são organismos muito diferentes, e essas manifestações de maturação excessiva parecem inadequadas a uma planta e mais parecidas com a nossa própria espécie, com seu crescimento devastador e descontrolado. Perguntei a ele quanto tempo de vida ainda teria meu limoeiro. Ele me disse que não havia como saber, pelo menos não sem antes cortá-lo e olhar dentro do tronco. Mas, realmente, quem iria querer fazer isso?

Agradecimentos

Queria agradecer a Constanza Martínez por sua inestimável contribuição para este livro, já que ela brigou comigo por cada pequeno detalhe. Esta é uma obra de ficção baseada em fatos reais. A quantidade de ficção aumenta ao longo do livro; enquanto em "Azul da Prússia" só há um parágrafo ficcional, nos textos seguintes tomei liberdades maiores, tentando permanecer fiel às ideias científicas expostas em cada um deles. O caso de Shinichi Mochizuki, um dos protagonistas de "O coração do coração", é particular: inspirei-me em alguns aspectos do seu trabalho para adentrar a mente de Alexander Grothendieck, mas a maior parte do que é dito sobre ele, sua biografia e suas pesquisas é ficção. A maioria das referências históricas e biográficas utilizadas nesta obra podem ser encontradas nos seguintes livros e artigos, a cujos autores também gostaria de agradecer, embora a lista completa seja longa demais: Walter Moore, *Schrödinger: Life and Thought* [Schrödinger: Vida e pensamento]; Manjit Kumar, *Quantum: Einstein, Bohr and the Great Debate about the Nature of Reality* [Quantum: Einstein, Bohr e o grande debate sobre a natureza da realidade]; Christianus Democritus, *Maladies and Remedies of the Life of the Flesh* [Doenças e remédios da vida da carne]; John Gribbin, *Erwin Schrödinger and the Quantum Revolution*

[Erwin Schrödinger e a revolução quântica]; Erwin Schrödinger, *My View of the World* [Minha visão do mundo]; Alexander Grothendieck, *Récoltes et semailles* [Colheitas e semeaduras]; Arthur I. Miller, "Erotica, Aesthetics and Schrödinger's Wave Equation" [Erótica, estética e a equação de Schrödinger]; Werner Heisenberg, *Física e filosofia*; David Lindley, *Uncertainty: Einstein, Heisenberg, Bohr and the Struggle for the Soul of Science* [Incerteza: Einstein, Heisenberg, Bohr e a luta pela alma da ciência]; Winfried Scharlau e Melissa Schneps, *Who Is Alexander Grothendieck?: Anarchy, Mathematics, Spirituality, Solitude* [Quem é Alexander Grothendieck?: Anarquia, matemática, espiritualidade, solidão]; Ian Kershaw, *Hitler*; W. G. Sebald, *Os anéis de Saturno*; Karl Schwarzschild, *Obras completas*; Jeremy Bernstein, "The Reluctant Father of Black Holes" [O relutante pai dos buracos negros].

Un verdor terrible © ExLibris S.P.A., 2019.
Todos os direitos reservados e controlados por Suhrkamp
Verlag Berlin, representada por Puentes Agency.

Todos os direitos desta edição reservados à Todavia.

Grafia atualizada segundo o Acordo Ortográfico da Língua
Portuguesa de 1990, que entrou em vigor no Brasil em 2009.

capa
Celso Longo
preparação
Julia Passos
revisão
Jane Pessoa
Karina Okamoto

7ª reimpressão, 2025

Dados Internacionais de Catalogação na Publicação (CIP)

Labatut, Benjamín (1980-)
Quando deixamos de entender o mundo / Benjamín
Labatut ; tradução Paloma Vidal. — 1. ed. — São Paulo :
Todavia, 2022.

Título original: Un verdor terrible
ISBN 978-65-5692-249-2

1. Literatura chilena. 2. Contos. 3. Ciências. 4. Segunda
Guerra Mundial (1939-45). I. Vidal, Paloma. II. Einstein,
Albert. III. Grothendieck, Alexander. IV. Schwarzschild,
Karl. V. Mochizuki, Shinichi. VI. Título.

CDD CH863

Índice para catálogo sistemático:
1. Literatura chilena : Contos CH863

Bruna Heller — Bibliotecária — CRB 10/2348

todavia
Rua Luís Anhaia, 44
05433.020 São Paulo SP
T. 55 11. 3094 0500
www.todavialivros.com.br

fonte
Register*
papel
Pólen natural 80 g/m²
impressão
Geográfica